Slg. Dr. Brian Rampp

Moderne, stromlinienförmige Schnellverkehrsbusse ergänzten ab Mitte der dreißiger Jahre den Bahnverkehr auf einigen Strecken. Sie fuhren meist dort, wo es bereits Reichsautobahnen gab. Vom Potsdamer Fernbahnhof kommend, nahm dieser Büssing-NAG/Westwaggon 350 O am 27. September 1936 vor dem Stettiner Vorortbahnhof noch Fahrgäste auf, bevor er seine Reise nach Stettin begann. Die Fahrt verlief über die fast fertige Reichsautobahn Berlin – Stettin. Unten: 1938 war der Bau des Berliner Autobahnrings weitgehend abgeschlo… m Bereich eines Kiefernwaldes.

Slg. Stefan Ponzlet (2)

Berlin

und seine Verkehrswege

Gerhard Greß

Bibliographische Information der Deutschen Bibliothek: Die Deutsche Bibliothek verzeichnet diese Publikation in der Deutschen Nationalbibliographie; detaillierte bibliographische Daten sind im Internet über http://dnb.ddb.de abrufbar.
ISBN: 978-3-8375-1903-7

Autoren:	Gerhard Greß, mit einem Beitrag von Volkhard Stern	
Fotografen, Seiten:	Dr. Wolff & Tritschler	57, 93, 110-115, 171, 180, 181, 182/183
	Eisenbahnstiftung	128 u, 129, 130 u, 131 o, 146, 147
	Korbinian Fleischer	244, 245 u
	Gerhard Greß Sammlung	6, 7, 8 u, 9, 11, 13-17, 18 u, 19, 20 o, 22, 23 u, 25 o, 28, 29 o, 30 M, 34-36, 37 u, 38-45, 46 o, 48 o, 49, 50 o+M, 52, 53 u, 56, 60 u, 62 o+M, 66 ur, 71 u, 72, 75, 76 o, 77, 78, 80, 82 o, 83, 84, 85 o, 87-89, 92, 94 o, 95 u, 96 u, 97, 99 o+u, 100/101, 102, 106, 107, 122, 123, 124 o, 125 ul, 128 o, 132 u, 138 ul, 144 u, 145 u, 160 o, 170 o+ul, 172 o, 174, 175 o, 186, Titel oben/unten links, Vorsatz links sowie Fahrkarten, Zeitungen usw.
	Gerhard Greß (GG)	2, 4/5, 189-191, 194, 195, 196 M+u, 198, 199 o, 200-209, 210 o, 211, 212 o, 213, 214, 215 u, 216, 217, 219, 220, 221 M, 222 M+u, 223-225, 227 o, 228-236, 238 u, 239 o, 241 M+u, 242 o, 243, 246 or+u, 247
	Hermann Kuom	237, 238 o
	Wolf-Dietmar Loos	239 M+u, 240, 241 or, 242 u
	Günter Meyer	136 u, 137 u, 145 o, 162 o, 166 o, 167 o, 168, 169 o, 170 ur, 172 u, 175 u, 179
	Ulrich Montfort	184/185, 187 o
	Jürgen Munzar/Slg.	54 o, 76 u, 82 u
	Stefan Ponzlet/Slg.	8 o, 10 o, 12, 18 o, 20 u, 21, 23 o, 24, 37 o, 51 u, 58, 63 u, 74 u, 81 o, 85 ul, 109, 120, 121, 124 M, 125 ur, 159, 166 u, 173 u, 188 o, 197 o, 199 u, Vorsatz Mitte und rechts unten
	Dr. Brian Rampp/Slg.	1, 46 u, 47, 48 u, 51 o, 53 o, 59, 60 o, 61, 64, 65 o+u, 66 o, 67 u, 68, 69 o, 90, 91, 104 u, 105 u, 108, 125 o, 126, 127, 130 o, 132 o, 133, 135, 136 o, 137 o, 138 o, 139 o, 140 o, 142/143, 144 o, 148-150, 161, 162 u, 163, 165, 167 u, 173 o, 197 M+u, 245 o, Vorsatz rechts oben
	Wolfgang R. Reimann/Slg.	30 o+u, 31 o, 32, 33, 50 u, 54 M+u, 55 o+u, 66 ul, 67 o, 69 u, 70, 71 o, 73, 74 o, 79, 81 u, 85 u, 86, 94 u, 96 o, 98, 99 l, 103, 104 o, 105 o, 116-119, 124 u, 131 u, 138 ur, 139 u, 169 u, 176-178, 188 u, 192, 193, 196 o, 221 o, 222 o, 246 ol
	Ferdinand von Rüden	10 u, Nachsatz komplett
	Wolfgang Schumacher/Slg.	25 u, 26, 27, 134
	Volkhard Stern/Slg.	29 u, 30 M, 55 M, 62 u, 63 o, 65 M, 95 o, 96 r, 140 u, 141, 152-158, Titel unten rechts
	Burkhard Wollny	210 u, 212 u, 215 o
	Manfred Zaubitzer/Slg. Stern	221 u
	Meinolf Zylka	226, 227 u

Umschlaggestaltung:	Kathleen Baumann
Satz & Layout:	Gerhard Greß
Bildbearbeitung:	Jan Freckmann
Preprint:	Fabian Ziegler
Gesamtherstellung:	Fotolito Varesco, Auer (Südtirol)

Titelmotive: Der SVT 877 „Fliegender Hamburger“ (oben) während der Probefahrten im Dezember 1932 im Lehrter Bahnhof. Unten links: Der Bahnhof Friedrichstraße um 1900 mit Loks der Gattungen T 4 und S 3 (beide Slg. GG). Unten rechts: Büssing-Doppeldeck-Dreiachser 688 im Sommer 1959 beim Bahnhof Zoo, dahinter ein „Bayern-Expreß“-Fernbus mit Kässbohrer-Luxusaufbau (Slg. Volkhard Stern).

Aufnahme Vorseite: Berlin-Alexanderplatz 1934. Soeben passiert ihn eine Lok der Baureihe 17^{10-12} (pr. S 10^{1}) mit einem D-Zug. Hier begann wenig später das Unwesen der Nationalsozialisten mit der Diffamierung/Enteignung von Wertheim. Slg. Dr. Brian Rampp

Aufnahme rechte Seite: Aus Richtung Bahnhof Friedrichstraße kommend, quert am 2. Mai 1987 ein S-Bahn-Zug der Baureihe 275 (ET 165) die rund 240 m lange, gekrümmte Humboldthafen-Brücke über den Humboldthafen. Diese bildete ab 1945 die Grenze zwischen dem britischen und sowjetischen Sektor. Hinter Mauer und Todesstreifen steht ganz links ein Gebäude der Charité. GG

Im Verlauf des Buches sind zahlreiche Karten/Pläne abgebildet bzw. einzelnen Themen zugeordnet.

Inhalt

- Vorwort 4
- Berlin 6
- Berlins Weg zur „Elektrischen“ 34
- Hoch- oder Unterpflasterbahn? 42
- Stadtbahn alias Schnellbahn = S-Bahn 49
- Durch die 20er in die 30er Jahre 58
- Die Reichsbahn auf dem Weg in die Zukunft 75
- Krieg und Nachkriegszeit 106
- Berlin danach 132
- Die Berliner Blockade 148
- Die Postwege bei der Berliner Blockade 152
- 1948/49 – zwei deutsche Staaten entstehen 164
- Unterwegs in Berlin 170
- Von den 50er Jahren in die 60er und 70er Jahre 184
- Berliner Tristesse 210
- Diesseits und jenseits 218
- 750 Jahre Berlin 234
- 1989 237
- Dankeschön/Literatur 247

Liebe Leserinnen und Leser,

Berlin ist eine Stadt voller Geschichten und Geschichte, die sich mit keiner anderen europäischen Hauptstadt vergleichen lässt. 1871 Hauptstadt des Deutschen Reiches geworden, fasziniert sie vor allem durch ihre rasche Entwicklung zur größten Industriestadt Europas in den wenigen Jahrzehnten bis zum Ersten Weltkrieg. Das zur selben Zeit entstandene Nahverkehrssystem aus Stadt-, Ring- und U-Bahnen ergänzte die Straßenbahn- sowie Buslinien und verband so auf geradezu perfekte Weise Wohn-, Industrie- und Erholungsgebiete miteinander.

Dem Ersten Weltkrieg folgten: die Weimarer Republik, die leider durch die Weltwirtschaftskrise 1929 zerbrach, das „Dritte Reich" mit der nationalsozialistischen Diktatur, der von Hitler begonnene Zweite Weltkrieg mit seinen furchtbaren Zerstörungen, 1945 die Besetzung durch die Rote Armee, ab Juli 1945 zusätzlich durch die westlichen Alliierten, die Aufteilung der Stadt in Sektoren, dann in Ost- und West-Berlin aufgrund der Zerwürfnisse der Alliierten untereinander, die Berliner Blockade von Juni 1948 bis Mai 1949, der nur durch den Einsatz sowjetischer Panzer gescheiterte 17. Juni 1953 und schließlich – als wäre das alles nicht schon schlimm genug gewesen – der Mauerbau am 13. August 1961!

Berlin war zwar immer noch Berlin, bestand jedoch viele Jahre lang aus zwei Welten. Bis 1989 war die Stadt mit dem berühmten Brandenburger Tor Symbol der Teilung Deutschlands. Hier standen sich Ost und West direkt gegenüber. Mit den infolge von Teilung und Mauerbau nur auf den Ostteil ausgerichteten Verkehrswegen konnte Berlin seine einstige Bedeutung als größter deutscher Verkehrsknoten nicht mehr wahrnehmen.

Nach einem kaum nennenswerten Zweitage-Klassenausflug im Herbst 1961 folgten ab 1963/64 (nur unterbrochen durch meine Bundeswehrzeit 1966/67) sehr viele Berlin-Besuche, mitunter auch von Mecklenburg und vom Erzgebirge aus. Ebenso oft habe ich mir die Frage gestellt, was diese Stadt so anziehend machte. Vielleicht die interessanten Fragmente einstiger Größe oder eher der ungebrochene Wille der Menschen, dem nicht enden wollenden politischen Wirrwarr der Weltmächte zu trotzen. Für West-Berlin wurde von der Bundesrepublik aus viel getan, um die Einwohner dabei zu unterstützen. Alles wurde subventioniert und rund 180 Milliarden unserer unvergessenen DM halfen den West-Berlinern, am wirtschaftlichen Erfolg der Bundesrepublik teilzuhaben. Aber schließlich waren es im Sommer/Herbst 1989 die Menschen in Ost-Berlin und in der gesamten DDR, die sich auf weltweit bewunderte Art von der Verlogenheit und Unfreiheit ihres politischen Systems befreiten und die Grundlage dafür bildeten, dass sich die beiden Teile Deutschlands 1990 wieder in einem Staat vereinen konnten. Dass es dabei, besonders seitens der Bundesrepublik, trotz unzähliger Milliarden DM mitunter an einer gewissen Sensibilität mangelte, schmälert nicht die – wiederum weltweit bestaunte – Größe des Ereignisses.

Am 9. Juni 1971 hatte der S-Bahn-Zug-West (vorne) gerade den geschlossenen Bahnhof Bornholmer Straße durchfahren, als ihm hinter dem 4 m hohen Grenzzaun eine 52er mit einem Güterzug sowie ein S-Bahn-Zug-Ost entgegenkamen. GG

„Unsere Sprache ist unsere Geschichte", schrieben einst die Brüder Jacob und Wilhelm Grimm.

Liebe Leserinnen und Leser, dieses Buch kann keinen Anspruch auf Vollständigkeit erheben, zu groß und komplex sind Berlins Verkehrswege. Aber es führt Sie mit vielen hundert seltenen Fotografien/Abbildungen vor allem durch die Vor- und Nachkriegsjahre sowie in die Zeit der Teilung und in die Jahre 1989/90. Bis dahin erlebten natürlich auch die beiden Teile Berlins eine Ära des Aufbruchs und der Erneuerung in vielen Bereichen des Lebens und Berufsalltags sowie des Strukturwandels auf Schienen und Straßen. Den Schluss bildet ein Abriss der Entwicklung bis heute.

Freiburg 2017, Gerhard Greß

Berlin

... ist sicher eine der Städte, in die man immer wieder gerne zurückkommt. Eingebettet in die wunderschöne, in unendlich langen Eiszeitperioden geformte Fluss- und Seenlandschaft Brandenburgs, ist Berlin mit über 3,5 Millionen Einwohnern die bevölkerungsreichste und mit rund 892 km² die flächenmäßig größte Stadt Deutschlands. Die Ausdehnung des Stadtgebietes in Ost-West-Richtung beträgt rund 45, in Nord-Süd-Richtung rund 38 km. Einen erheblichen Teil der Fläche nehmen Waldgebiete mit 164 m² und Gewässer mit 60 m² für sich in Anspruch.

Auch Höhenluft kann man in Berlin schnuppern: Nach Kriegsende wurden die natürlichen, bis zu 115 Meter hohen Müggelberge und die bis zu 114,5 m hohen Ahrensfelder Berge vom Teufelsberg übertroffen, einem 120,1 m hohen Trümmerberg im Westen Berlins. Höchste Erhebung ist inzwischen jedoch der 120,7 m hohe Deponieberg Arkenberge, der seinen Namen vom natürlichen Höhenzug im Berliner Bezirk Pankow ableitet. Er wird derzeit zum Erholungsgebiet umgestaltet. Auch der tiefste Punkt Berlins ist unnatürlichen Ursprungs: der Spektesee im Bezirk Spandau. Die Gestade des ehemaligen Kiesteiches liegen knapp über 28 m hoch. Obwohl kein Badesee, ist er trotzdem Teil eines der beliebten Naherholungsgebiete der Berliner.

Seit dem 3. Oktober 1990 ist Berlin Bundeshauptstadt des am selben Tag offiziell wiedervereinigten Deutschlands und zählt heute zu den meistbesuchten Städten Europas. Wie bereits vor 1933 hat sich Berlin mit seinen Universitäten, Forschungseinrichtungen, Museen und Unternehmen wieder zu einer Weltstadt der Kultur, der Wissenschaften sowie der Wirtschaft und Politik entwickelt. Obwohl durch den Verlust der deutschen Ostgebiete in Randlage geraten, erlangte Berlin nach 1990 auch seine Bedeutung als zentraler Verkehrsknoten der Schienen-, Luft- und Wasserwege zurück.

Slg. GG (2)

Zwei Blicke auf Berlin, die Sie auch heute noch nachvollziehen können, liebe Leserinnen und Leser: Das Bild links, 1938 von der Siegessäule aus fotografiert, stellt das Brandenburger Tor und das Rote Rathaus in den Mittelpunkt der herrlichen Stadtsilhouette, die vom Dom und dem Turm des Französischen Doms am Gendarmenmarkt begrenzt wird. Vom Reichstag aus entstand die Aufnahme oben mit dem 1882 eröffneten Stadtbahn-Bahnhof Friedrichstraße, der in Zeiten der Teilung Deutschlands bzw. Berlins traurige Berühmtheit erlangte.

Ein Blick zurück

Berlin ist unter den europäischen Weltstädten die jüngste, aber wiederum nicht so jung, um nicht eine eigene Geschichte und Tradition aufzuweisen. Roms Grenzen und Straßen verliefen fern im Westen Germaniens, und erst der deutsche Kaiser Lothar III. (1075–1137) setzte im 12. Jahrhundert einen Markgrafen für des Heiligen Römischen Reiches „Streusandbüchse" ein.

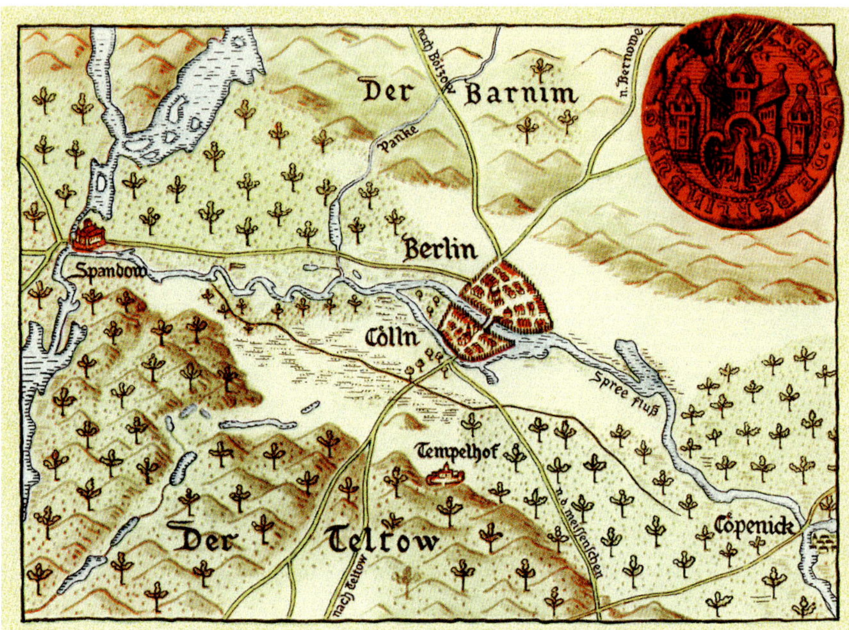

Slg. Stefan Ponzlet

Berlin war im Lauf seiner Geschichte in verschiedenen Staatsformen Residenz- und Hauptstadt Brandenburgs, Preußens und des Deutschen Reiches. In letzterer Funktion jedoch nur 73 Jahre lang. Ab 1949 war der Ostteil Berlins Hauptstadt der Deutschen Demokratischen Republik, obwohl er als Sektor rechtlich nicht zur Sowjetischen Besatzungszone bzw. DDR gehörte. Mit der Wiedervereinigung Deutschlands 1990 wurde Berlin wieder gesamtdeutsche Hauptstadt und in der Folge Sitz der Bundesregierung, des Bundespräsidenten, des Bundestags, des Bundesrats sowie zahlreicher Bundesministerien und Botschaften.

Keimzellen der Stadt waren das Fischerdorf Cölln auf einer Spreeinsel am Übergang über die sumpfige Flussniederung und der Marktort Berlin am rechten Ufer der Spree. Im Jahr 1307 wurden beide zu „Berlin" vereinigt. Seine Entwicklung verdankte das neu entstandene Gemeinwesen seiner günstigen Lage an der Kreuzung der Spree mit einer von West nach Ost führenden Handelsstraße sowie der landesherrlichen Förderung. 1415 kam der Hohenzoller Burggraf Friedrich von Nürnberg nach Berlin. Der Kaiser hatte ihn zum Statthalter und Kurfürsten von Brandenburg ernannt (die Hohenzollern residierten hier bis zum Ende des Ersten Weltkriegs im November 1918). Aber noch war Branden-

Slg. GG

Zur Sicherung des Spreeübergangs an einer Furt entstand am einen Ufer zuerst Berlin auf einer Spreeinsel gegenüber dann Cölln (oben). Im Jahr 1237 bildet ein Knüppeldamm (der spätere Mühlendamm) den Übergang des alten Handelsweges sowie die Verbindung der Gemeinden untereinander, und für das Seelenheil der Menschen sorgten St. Petri hüben und St. Nicolai drüben. Um 1350 war Berlin Mitglied der Hanse. Trotz großer Stadtbrände und Pest lebten hier um 1400 rund 8.500 Einwohner. Im ausgehenden Mittelalter zeichnete sich bereits das Urbild des heutigen Berlins ab (rechts).

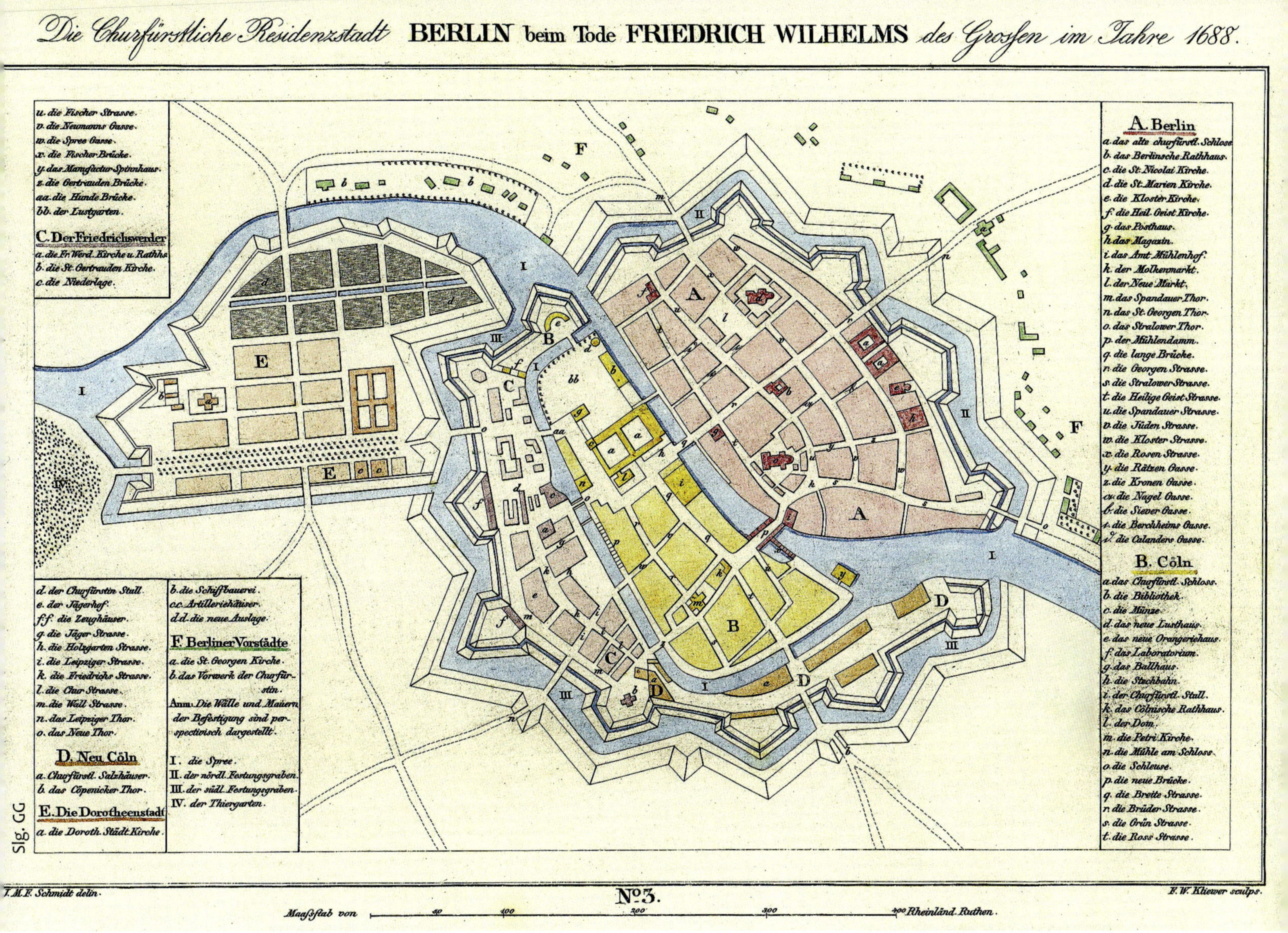

Gegen Ende des 17. Jahrhunderts umschlossen mächtige Bastionen Alt-Berlin, Cölln, Neu-Cölln und Friedrichswerder. Aber schon 1740 begann man damit, sie wieder zu schleifen (doch erst Ende des 19. Jahrhunderts konnte der Abbruch beendet werden). Die hier angegebene Rute (damals Ruthe) ist eine alte Längenmaßeinheit. Eine preußische Rute entsprach zwölf-Fuß bzw. etwa 3,77 m.

burg eine der ärmsten Provinzen des Reiches, doch es ging schrittweise voran. Durch den großangelegten Ausbau der Spree erhielt Berlin ab Mitte des 17. Jahrhunderts über Kanäle mit der Havel, der Elbe und der Oder leistungsfähige Schiffsverbindungen zu den wichtigsten deutschen Hafenstädten und Handelszentren.

Die bis Mitte des 17. Jahrhunderts noch recht spärliche Bevölkerung Berlins und Brandenburgs halbierte sich während des 30-jährigen Krieges (1618–1648) durch Seuchen, Hungersnöte und marodierende Truppen. Viele Städte und Dörfer waren zerstört, die zuvor aufgeblühte Wirtschaft lag völlig darnieder. Um 1650 lebten in Berlin nur noch wenige tausend Menschen.

Als etwa 40.000 Hugenotten (protestantische Glaubensflüchtlinge aus Frankreich) nach Deutschland fliehen mussten, holte Kurfürst Friedrich Wilhelm (1620–1688) 20.000 von ihnen nach Brandenburg-Preußen. Großen Wert legte er dabei auf arbeitsame, vor allem handwerklich und kaufmännisch qualifizierte Einwanderer. So wuchs die Einwohnerzahl Berlins bis 1709 auf 57.000 und bis 1747 auf 100.000.

Unterdessen avancierten die märkischen Kurfürsten zu Königen. Unter König Friedrich II. (1712–1786), den schon die Zeitgenossen als „Großen" oder volkstümlicher als „Alten Fritz" bezeichneten, veränderte sich das Bild der Stadt nachhaltig: Berlin wurde Hofstadt. Eindrucksvoll erinnern u. a. das Brandenburger Tor und der Gendarmenmarkt an diese Zeit. Nach der Eingemeindung zahlreicher Dörfer, Klein- und Mittelstädte war Berlin um 1800 zur Großstadt mit rund 200.000 Einwohnern herangewachsen, nur übertroffen von Paris und London. Diese kontinuierliche Entwicklung wurde durch Napoleon

Fortsetzung auf Seite 11

Slg. Stefan Ponzlet

Im Bereich der zwischenzeitlich geschliffenen Bastion IV entstand im 18. Jahrhundert der Spittelmarkt, hier mit der Spittelkirche auf einer biedermeierlich-friedlichen Abbildung von 1833. Während der Gründerzeit (= die Jahre der Hochindustrialisierung in Deutschland nach 1871 bis 1914) veränderte der Spittelmarkt sein Aussehen vollständig. Dem Straßenausbau im „aus allen Nähten platzenden“ Berlin musste 1881 sogar die Spittelkirche weichen.

Slg. Ferdinand von Rüden

Dem Berliner Zeichner Friedrich August Calau (1769–1828) verdanken wir die schöne Radierung des Dampfschiffs „Prinzessin Charlotte von Preußen“ (1818). Hinten: das Schloss Bellevue. 1975 widmete die Deutsche Bundespost Berlin dem 41,5 m langen und ca. 6 m breiten Mittelraddampfer eine Sondermarke.

Bonaparte unterbrochen, der nach seinem Sieg über die preußische Armee bei Jena und Auerstädt (14. Oktober 1806) am 27. Oktober 1806 als strahlender Sieger in Berlin einzog.

In den Freiheits- bzw. Befreiungskriegen während der Jahre 1813 bis 1815 konnte Napoleons Vorherrschaft in Deutschland und Europa beendet werden. Es folgte eine Ära des relativen – biedermeierlich stillen – Friedens, der Wissenschaften und der Künste. Sie war geprägt durch die einzigartigen klassizistischen Schöpfungen des preußischen Baumeisters Karl Friedrich von Schinkel, den Bildhauer Johann Gottfried Schadow sowie den weltweit berühmten Naturforscher Alexander von Humboldt.

Aber das besonders während des gemeinsamen Kampfes gegen Napoleon erwachte deutsche Nationalgefühl fand (noch) keine Erfüllung in einem geeinten Deutschland. Es bestand zwar eine klar eingegrenzte Kulturnation mit einheitlicher Sprache einschließlich der überwiegend deutschsprachigen Gebiete der Habsburgermonarchie, aber selbst Maße, Gewichte und sogar die Uhrzeit unterschieden sich von Stadt zu Stadt. Zudem erschwerte das uneinheitliche Geld- und Münzwesen den Wirtschafts- und Warenverkehr oftmals schon mit der nächsten Umgebung – oder ließ diesen gar nicht zu.

Am 14. September 1816, rund ein Jahr nach der Völkerschlacht bei Leipzig, lief in Pichelsdorf (seit 1920 Teil Berlins) das erste in Deutschland gebaute Dampfschiff vom Stapel und unternahm am 27. Oktober als „Prinzessin Charlotte von Preußen" seine Jungfernfahrt von Spandau zur Pfaueninsel in der Havel. Gebaut hatten es der Potsdamer Ingenieur und Schiffsbauer John B. Humphreys jr. und sein Vater, ein in Hamburg lebender Kaufmann schottischer Herkunft. Diese waren im Jahr 1817 auch Gründer der „Königlich Preußischen patentierten Dampfschiffahrts-Gesellschaft", die in Berlin firmierte und mit mehreren Raddampfern Passagier- und Frachtlinien in Berlin sowie später auch auf der Elbe zwischen Berlin und Hamburg betrieb. Selbstverständlich bediente sich auch die Königlich Preußische Post von Anfang an des neuen Verkehrsmittels.

Slg. GG (2)

Der Name „Mühlendamm" geht auf einen um 1230 geschaffenen Damm zurück, der, zum Wehr ausgebaut, mehrere Wassermühlen betrieb. Für die gemeinsame Zukunft der Doppelstadt Berlin-Cölln wie auch für den Handel und Warentransport war der Mühlendamm von großer Bedeutung. Der Stahlstich von 1840 zeigt ihn in seiner ursprünglichen Form.

Rechts: 1850 entstand das eher an einen florentinischen Palazzo erinnernde „Mühlendammgebäude", das seine Funktion als Getreidemühle jedoch nicht lange behielt. Innen umgebaut, wurde es 1893 Sitz der Städtischen Sparkasse. Anlässlich der erneuten Umgestaltung des Mühlendamms von 1936 bis 1940 wurden das Gebäude und das Wehr abgebrochen.

Slg. Stefan Ponzlet

Seitdem der Große Kurfürst Friedrich Wilhelm von Brandenburg (1620–1688) den Seitenarm der Spree um 1650 kanalisieren ließ, bezeichnete man die Uferstraße auf der Spreeinsel im Berliner Ortsteil Mitte als „Friedrichsgracht“. 1885 verewigte Julius Jacob diesen Teil des alten, heimelig anmutenden Berlins in einem Gemälde. Die alles überragende Petrikirche überstand zunächst die Luftangriffe des Zweiten Weltkriegs, nicht jedoch die Schlacht um Berlin im April 1945. Die Ruine wurde 1960 abgetragen.

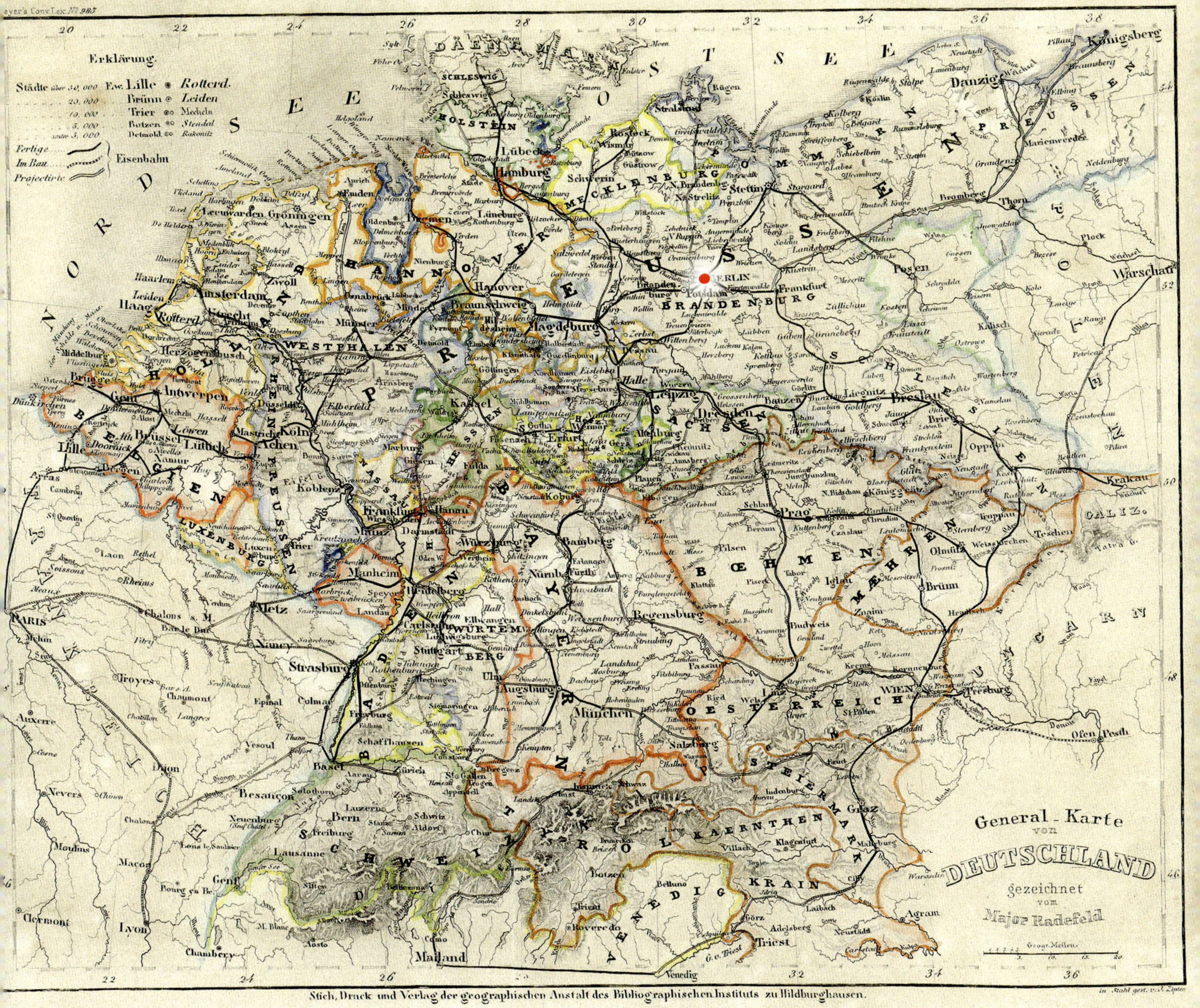

Deutschlandkarte von Major Carl Christian Radefeld (1788–1874). Seit 1829 war er Kartograph an dem von Joseph Meyer gegründeten Bibliographischen Institut in Hildburghausen (Thüringen) und zeichnete u. a. kolorierte geopolitische Karten, z. B. von den deutschen Eisenbahnen 1847/48. Interessant ist der fälschlicherweise über Kehl (statt Offenburg) nach Freiburg geführte Verlauf der badischen Hauptbahn. Slg. GG

Die Eisenbahn kommt

An den weitverzweigten, damals als Hauptverkehrsträger dienenden Wasserwegen Berlins und seiner Umgebung änderte sich über Generationen hinweg nichts, bis die Eisenbahn „das Licht der Welt erblickte". Johann Wolfgang von Goethe (1749–1832), der gerade noch die Anfänge des neuen Verkehrsmittels erlebte, meinte im Jahr 1828: *„Mir ist nicht bange, dass Deutschland eins werde. Unsere guten Chausseen und künftigen Eisenbahnen werden schon das ihrige thun"*. Und Friedrich List (1789–1846), einer der großen Vorkämpfer für den Deutschen Zollverein und das Eisenbahnwesen, veröffentlichte 1831 sein Gutachten „Über ein sächsisches Eisenbahnsystem als Grundlage eines allgemeinen deutschen Eisenbahnsystems", ergänzt durch den „Entwurf für ein deutsches Eisenbahnnetz". List stellte bei der preußischen Regierung Anträge zum Bau der Strecken Hamburg – Berlin und Magdeburg – Leipzig, die jedoch als „zu wenig vorbereitet" abgelehnt wurden. Drei Jahre nach Goethes Tod wurde 1835 die erste deutsche Eisenbahn zwischen Nürnberg und Fürth eröffnet, und 1837 – ein Jahr vor der Inbetriebnahme der ersten Eisenbahn in Preußen – gründete der Maschinenbauer August Borsig in Berlin eine Eisengießerei und Maschinenbauanstalt, in der ab 1841 hauptsächlich Lokomotiven hergestellt wurden.

Doch hier sind wir der Zeit etwas vorausgeeilt. Bereits 1833 hatte der Berliner Privatmann Dr. Stubbe mit einer Eingabe an das Preußische Ministerium des Innern um Unterstützung für *„ein Privilegium für die Einrichtung einer Dampfwagenfahrt auszuwirken"* (damals das gebräuchliche Wort für Eisenbahn/Lokomotive). Seine gedanklich weit in die Zukunft reichenden Pläne sahen eine ca. 500 km lange Überlandschnellbahn von Hamburg über Halle (S), Merseburg, Delitzsch, Wittenberg, Potsdam, Berlin, Fankfurt (Oder) bis Breslau vor. Dem Privilegium sollte es gestattet werden, auf diesem Wege Menschen und Waren zu befördern und *„das nöthige Geld zur Einrichtung dieser Dampfwagenfahrt durch Actien zusammen zu bringen"*. Um die Existenz der alten Postlinien nicht zu gefährden, sollte die zu erbauende Eisenbahntrasse *„wenigstens tausend Fuß vom Postweg entfernt liegen, nicht durch Städte führen und bei Kreuzung anderer Fuhrwege mittels Brücken oder Unterdurchgänge so verlaufen, dass auf der ganzen Strecke keine schienengleichen Übergänge stattfinden"*. Sie sehen, liebe Leserinnen und Leser, der Schnellbahn-Gedanke ist keineswegs ein Produkt unserer Zeit, sondern fast so alt wie die Eisenbahn selbst. Es war eine Idee des Jahres 1833, also zwei Jahre vor Nürnberg – Fürth! Der Antragsteller verpflichtete sich übrigens, täglich einen Zug von Naumburg, von Berlin und von Breslau abfahren zu lassen und unentgeltlich Briefe der Regierung sowie zwei Beamte mitzunehmen. Natürlich lehnte das Ministerium die Stubbe-Eingabe sofort ab. Mit solchen Visionen konnte 1833 weder die preußische Regierung noch sonst irgend jemand et-

Slg. GG (2)

Berlin und Preußen hatten ab dem 29. Oktober 1838 ihre erste Eisenbahn. Von diesem Tag an war die Strecke Berlin – Potsdam durchgehend befahrbar, der erste Abschnitt (Zehlendorf – Potsdam) war bereits am 22. September desselben Jahres eröffnet worden. Oben der erste Potsdamer Bahnhof. Für die Lokausbesserung bekam die Berlin-Potsdamer Bahn 1863/64 eine neue Betriebswerkstätte (links), die wegen Umbaumaßnahmen 1888 wieder abgebrochen werden musste.

Slg. GG (2)

Der im spätklassizistischen Stil errichtete und am 15. Oktober 1846 eröffnete Hamburger Bahnhof war Ausgangspunkt der Berlin-Hamburger Bahn. Der Stahlstich von 1851/52 zeigt einen Zug auf der damals gerade entstandenen eingleisigen Verbindungsbahn (Berliner Ringbahn). 1884 wurde der Bahnhof geschlossen und der Bahnbetrieb zum Lehrter Bahnhof verlegt. In der Invalidenstraße verkehrten später Straßenbahnen.

Die Lokomotive „Beuth" (Borsig 1844, Fabrik-Nr. 24) gilt als die erste eigenständig in Deutschland konstruierte Dampflokomotive. Von dieser gelungenen, sehr erfolgreichen Lok wurden 71 Exemplare für verschiedene Bahnen gebaut. Die 1864 ausgemusterte „Beuth" wurde verschrottet, 1912 jedoch nachgebaut und im Deutschen Technikmuseum Berlin aufgestellt.

was anfangen. Die Menschen lebten noch in einer Zeit, in der Dampfwagen eher als „Höllenmaschinen" angesehen wurden. Aber was hätte man später darum gegeben, wenn die Idee von Bahnstrecken ohne schienengleiche Übergänge von Anfang an umgesetzt worden wäre.

Nach Dr. Stubbes erstem Plan lehnte man auch seine verkürzte Version einer Eisenbahn von Berlin nach Potsdam ab, da diese die Forderung enthielt, für die Trassierung staatliche Ländereien unentgeltlich zur Verfügung zu stellen. Auch ein Antrag des Berliner Justizkommissars J. C. Robert wurde 1834 abgelehnt, eine Bahn zwischen Berlin und Leipzig zu bauen. Allerdings hatte er im folgenden Jahr mehr Glück, als er einen mit dem finanzstarken Bankier L. Arons ausgearbeiteten Plan vorlegte: *„Dem Unternehmen möchte die Erlaubnis ertheilt werden, die Nivellierung des Geländes für eine Eisenbahnverbindung Berlin – Potsdam vornehmen zu dürfen".* Für sein Vorhaben konnte Robert auch den Geheimen Oberbaurat Crelle, ein Mitglied der Oberbaudirektion, gewinnen, der die Pläne unter vollständiger Geheimhaltung ausarbeitete (Sie sehen, liebe Leserinnen und Leser, ohne Beziehungen lief auch damals nichts). Die Bahn sollte sechs Ausweichstellen erhalten und täglich von sechs Zügen befahren werden, deren Fahrzeit zunächst 45 Minuten betrug. Laut Kabinettsorder vom 16. Januar 1836 wurde entschieden, für die Eisenbahn Berlin – Potsdam das Zwangsenteignungsrecht zu bewilligen, worauf J. C. Robert ein Verzeichnis der benötigten Grundstücke sowie einen Tarifentwurf vorlegte. In der Hauptversammlung der Gesellschafts-Aktionä-

Der alte (vorne) und neue Schlesische Bahnhof im Jahr 1869. Die neue 208 m lange Bahnsteighalle wurde von der Berliner Eisengießerei und Maschinenfabrik von Louis Schwartzkopff errichtet, die vor allem durch den Lokomotivbau bekannt wurde. 1870 wandelte man das Unternehmen in eine AG um und firmierte nun unter dem Namen „Berliner Maschinenbau-Actien-Gesellschaft vormals L. Schwartzkopff".

Rechts: Der 1867 eröffnete und bereits 1882 wieder stillgelegte Ostbahnhof der Berlin-Cüstriner Eisenbahn am Cüstriner Platz. Bis zu seiner Fertigstellung hatte das Unternehmen den alten Schlesischen Bahnhof für seine Ostbahnzüge nach Königsberg mitbenutzt.

re im Februar 1836 wurden Oberbaurat Crelle zum Technischen Direktor und Justizkommissar Robert zum Syndikus der Gesellschaft bestimmt. Die Regierung bestätigte diese Statuten am 23. Dezember 1837.

Nach einer Bauzeit von 14 Monaten eröffnete die Berlin-Potsdamer Eisenbahn-Gesellschaft am 22. September 1838 das erste Teilstück (Berlin –) Zehlendorf – Potsdam und am 29. Oktober desselben Jahres auch die Reststrecke bis zum Potsdamer Bahnhof. Berlin bzw. Preußen hatte seine erste Eisenbahn, die schon bald ausgezeichnete Betriebsergebnisse erzielte.

Um diese zu sichern, mussten in Berlins Umgebung schnellstmöglich Anschlüsse an die im Entstehen begriffenen Eisenbahnlinien hergestellt werden. Beabsichtigt war, eine Strecke von Potsdam über Brandenburg, Genthin und Tangermünde nach Hamburg und – von Genthin aus – eine Strecke nach Magdeburg zu führen. Dies war allerdings gar nicht im Sinne der 1839 gegründeten Berlin-Anhaltischen Eisenbahn, die für ihre Strecke Köthen – Magdeburg (– Berlin) die Konkurrenz fürchtete. Dessau – Köthen war am 1. September 1840 als eine der ersten Eisenbahnstrecken Deutschlands eröffnet worden und führte die „Anhalter Bahn" 1840/41 abschnittsweise weiter über Wittenberg und Jüterbog nach Berlin, Endstation war der am 1. Juli 1841 eingeweihte erste Anhalter Bahnhof. Die Anhalter Bahn gehörte zu den wichtigsten Fernstrecken Deutschlands. Vom „Anhalter" aus fuhren die ersten Schnellzüge nach Halle, Leipzig, Dresden, Frankfurt (M) und München. Die Berlin-Anhaltische Eisenbahn-Gesellschaft war jahrzehntelang eines der bedeutendsten deutschen Eisenbahnunternehmen, das zahlreiche wichtige Bahnverbindungen baute, die insgesamt schließlich rund 430 km umfassten.

Das Projekt der von Potsdam aus zu verlängernden Bahn nach Magdeburg wurde 1843 erneut verhandelt und schließlich bis 1846 durch die Berlin-Potsdam-Magdeburger Eisenbahngesellschaft bis Magdeburg ausgeführt.

Die Entwicklung des neuen Verkehrsmittels Eisenbahn ging sehr schnell voran. Vom 1. August 1842 an fuhren Züge ab dem Stettiner Bahnhof auf der Stettiner Bahn über Bernau, Eberswalde und Angermünde nach Stettin und ab 1863 mit der Angermünde-Stralsunder Eisenbahn nach Hinterpommern. Ebenfalls im Jahr 1842 nahm die Berlin-Frankfurter- und 1846 die Berlin-Hamburger Eisenbahn den Betrieb auf. Mit der Fertigstellung weiterer in- und ausländischer Strecken erhielt Berlin im Jahr 1847 Schienenverbindungen mit Wien über Frankfurt (Oder), Breslau und Oderberg sowie nach Deutz (ab 1888 Köln-Deutz) über Wittenberg, Köthen, Magdeburg, Braunschweig und Hannover. Köln wurde erst 1859 erreicht, nachdem die Dombrücke über den Rhein fertiggestellt war. Ebenfalls 1847 führte die Niederschlesisch-Märkische Bahn auf Drängen der preußischen Regierung Nachtzüge zwischen Berlin und Breslau ein, vor allem im Interesse einer raschen Postbeförderung.

Slg. GG (5)

Das Planum des Görlitzer Bahnhofs nach Baubeginn im Jahr 1865 (oben). Die Inbetriebnahme des im neorenaissance-Stil errichteten Bahnhofs (rechts) erfolgte am 13. September 1866 gemeinsam mit dem Streckenabschnitt bis Cottbus. Ab Dezember 1867 konnte von hier aus nach Görlitz, Sagan, Hirschberg (Riesengebirge) und Breslau gefahren werden. Innerhalb weniger Jahre entwickelte sich der zwischen Spreewaldplatz, Görlitzer- und Wiener-Straße liegende „Görlitzer" zum Verkehrszentrum in Berlin-Kreuzberg.

Unten: Der zwischen 1872 und 1876 errichtete zweite Stettiner Bahnhof. Architektonisch interessant ist, dass bei diesem das Bahnsteighallendach bis zu den beiden Giebeln mit den achteckigen Ecktürmen reichte.

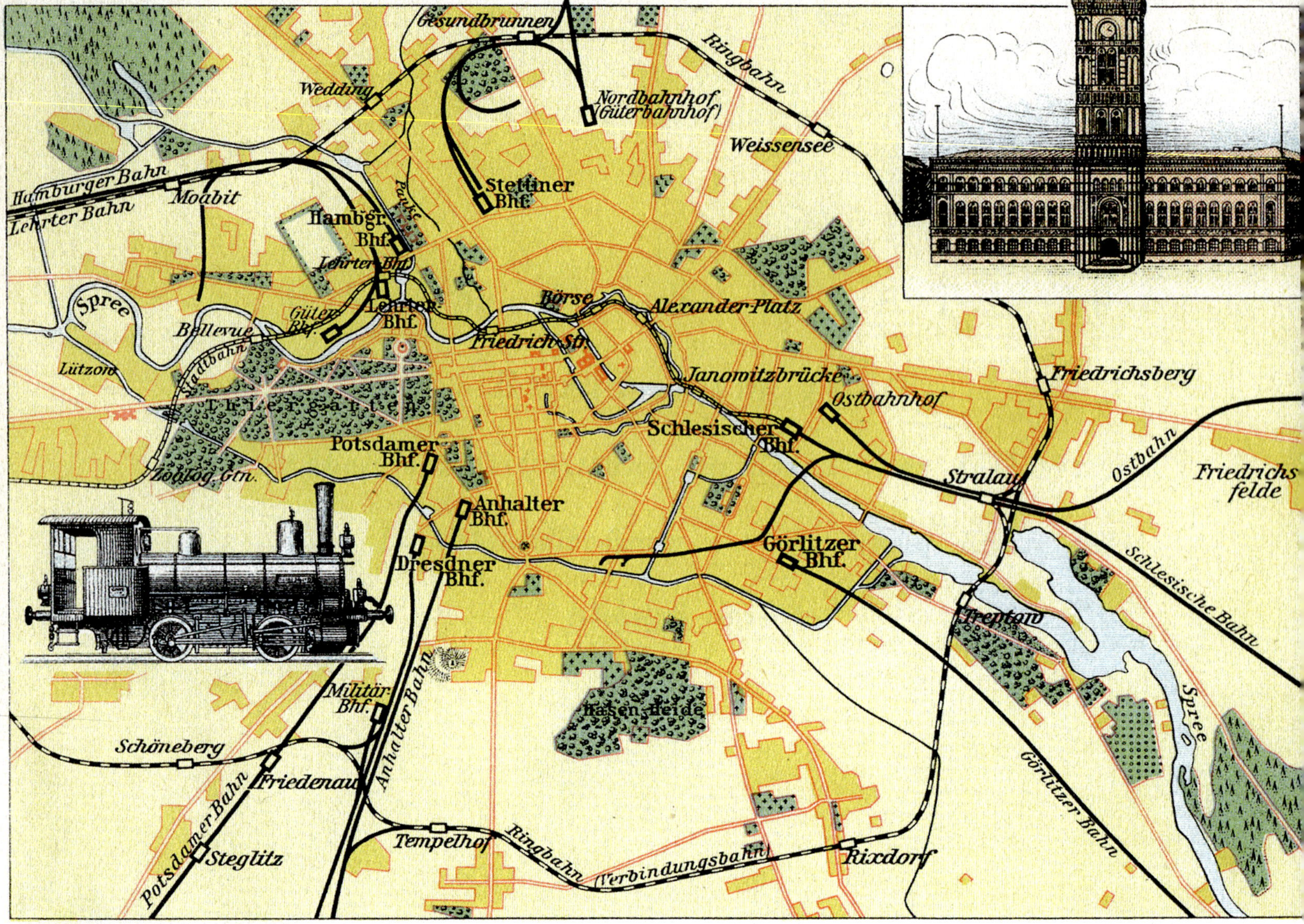

Slg. Stefan Ponzlet

Berlin und seine Verkehrswege im Jahr 1880. Ring- und Stadtbahn verbanden die Fernbahnhöfe miteinander. Rechts: Mit Betriebsaufnahme der Berlin-Hamburger Bahn 1846 erhielt auch die noch selbstständige Stadt Spandau einen Bahnhof. Das Gebäude steht heute noch.

Zur selben Zeit gründete der Artillerieleutnant und Physiker Werner von Siemens mit dem Mechaniker Johann Georg Halske eine Telegraphenbauanstalt. Das Unternehmen erreichte später als S & H Weltgeltung.

Innerhalb weniger Jahre entstanden in Berlin fünf große Bahnhöfe, schließlich sollten es sogar neun sein. Unter den zahlreichen, inzwischen von hier ausgehenden Eisenbahnen setzte sich schon früh die Anhaltische an die Spitze und blieb dort bis zum bitteren Ende im April/Mai 1945. Der neue Anhalter Bahnhof war weltweit eines der eindrucksvollsten Gebäude der Eisenbahngeschichte. Seine riesige Bahnsteighalle hatte eine Spannweite von 60,7 m und eine Scheitelhöhe von 34,2 m.

Der neue Anhalter Bahnhof in Berlin. Originalzeichnung von G. Theuerkauf.

Slg. GG (3)

An Größe alles in den Schatten stellte der am 15. Juli 1880 in Betrieb genommene neue Anhalter Bahnhof. Diese Zeichnung erschien in einer Illustrierten, Fotografien konnten damals technisch noch nicht umgesetzt bzw. abgebildet werden.

Die Berlin-Anhaltische Eisenbahn beschaffte zwischen 1865 und 1872 bei Borsig ihre zweite Triebfahrzeug-Generation: B 1-Lokomotiven für Güterzüge (rechts) und – mit geänderter Achsanordnung – 1 B-Lokomotiven der gleichen Bauart für Reisezüge. Inzwischen baute man die Loks mit Führerhaus.

Bereits 1842 hatte die preußische Regierung beschlossen, den Bau neuer Eisenbahnlinien nicht mehr ausschließlich privaten Unternehmen zu überlassen. Dies bezog sich besonders auf die geplante Ostbahn von Berlin zur Oder und weiter nach Königsberg (Preußen). Da jedoch die finanziellen Mittel für die direkte Strecke über Küstrin und Landsberg (Warthe) fehlten, wurde – vom vorgesehenen Kreuzungspunkt in Kreuz an der schon bestehenden Stettin-Posener Bahn ausgehend – zunächst in Richtung Bromberg, Laskowitz, Dirschau und Marienburg bis Königsberg gebaut, das 1853 erreicht wurde. Die ersten durchgehenden Ostbahnzüge nahmen also den Weg vom Stettiner Bahnhof in Berlin über Stettin und Stargard in Pommern nach Kreuz, um von dort, wie beschrieben, nach Königsberg zu gelangen. Erst ab dem 1. Oktober 1867 war mit Inbetriebnahme des Abschnitts Berlin Ostbahnhof (am Cüstriner Platz) – Straußberg – Küstrin endlich das letzte Teilstück fertiggestellt, um über Landsberg (Warthe) den Bahnhof Kreuz (Ostbahn) direkt zu erreichen.

Verbindungsbahn/Ringbahn

Die fehlenden Verbindungen zwischen den Kopfbahnhöfen/Bahnlinien untereinander erwiesen sich für Übergangsreisende und -güter schon bald als großes Hindernis, das die Eisenbahngesellschaften rasch erkannten. Anregungen bzw. Pläne zum Bau einer Verbindungsbahn

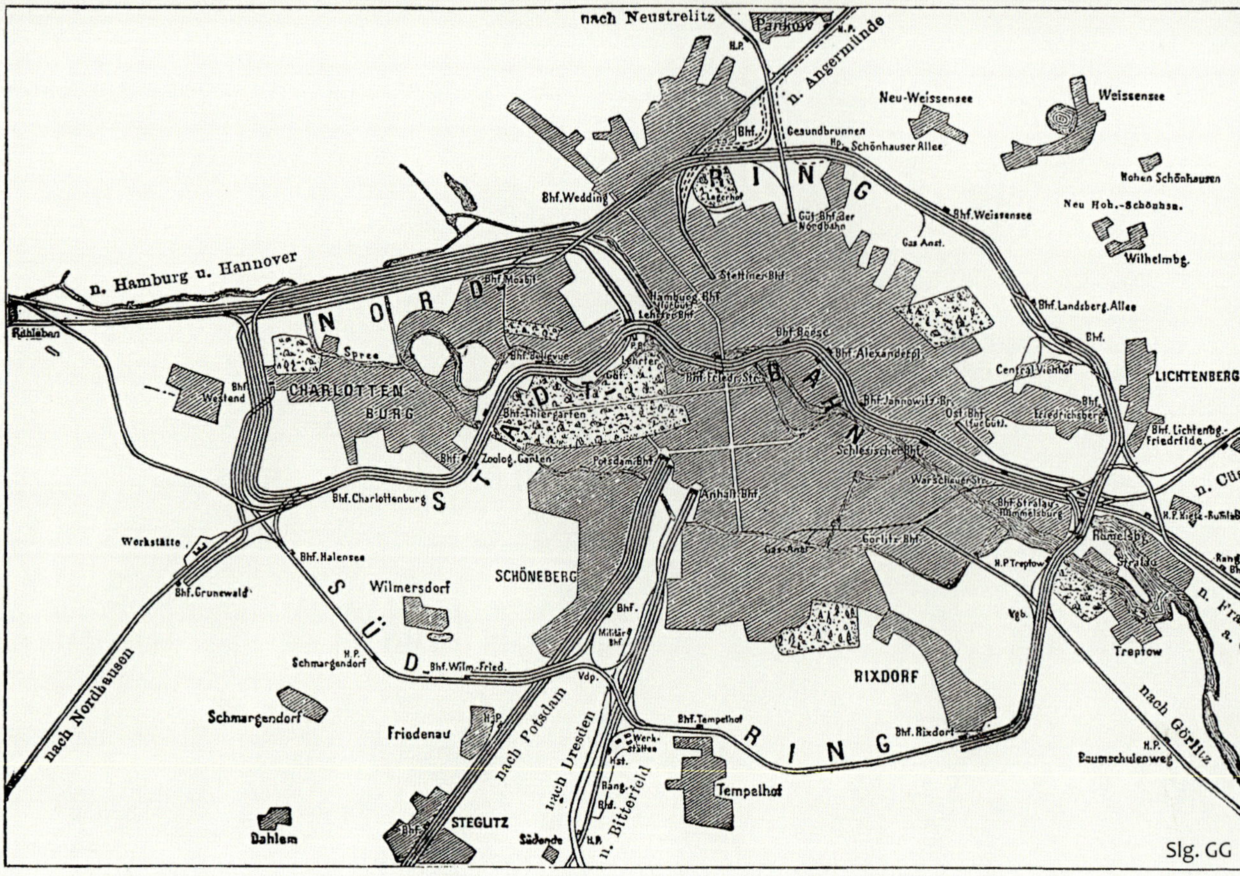

Berliner Stadt- und Ringbahn mit Anschlüssen

Die Stadt- und Ringbahn um 1885. Zu diesem Zeitpunkt verlief letztere teilweise noch weit außerhalb der bebauten Gebiete.

hatte es zwar seit 1844 gegeben, die Ausführung wurde aber immer wieder vertagt. Schließlich musste das Militär „nachhelfen": Als man im Herbst 1850 eine Mobilisierung des preußischen Heeres durchführte, sollten Heeresverbände mit der Bahn befördert werden. Dabei traten die Unzulänglichkeiten der Berliner Eisenbahnverhältnisse mit solcher Deutlichkeit zutage, dass König Friedrich Wilhelm IV. sofort – auf Staatskosten – eine provisorische eingleisige Schienenverbindung zwischen Stettiner, Hamburger, Potsdamer und Anhalter Bahnhof anordnete, die im Straßenplanum verlegt wurde. So verdankte die „Königliche Bahnhofs-Verbindungsbahn" ihre rasche Verwirklichung den militärischen Ereignissen. Die

Slg. Stefan Ponzlet

Die Station Halensee im westlichen Teil der Ringbahn wurde am 15. November 1877 unter dem Namen „Grunewald" eröffnet. Das Empfangsgebäude hinter der Tenderlok der Gattung T 11 entstand 1893 im Rahmen des viergleisigen Ausbaus der Ringbahn. Interessant ist der Laternenmast: Mit Hilfe des Seilzuges konnte man die Gaslampe (oft auch Petroleum) herunterholen, um das Licht anzuzünden.

Slg. Stefan Ponzlet (2)

Die Aufnahme vom Umfeld des Bahnhofs Zoologischer Garten (normalerweise einfach „Zoo“) verdeutlicht die Vorteile der kreuzungsfreien Streckenführung von Stadt- und Ringbahn. Über dem Maximum-Triebwagen der Straßenbahn hält soeben ein Stadtbahnzug, der von einer Stadtbahnlok der Gattung $T\,5^1$ befördert wird. Diese und andere ältere Lokgattungen wurden nach und nach durch neue, ab 1902/03 beschaffte preußische T 11 (spätere Baureihe 74^{0-3}) und T 12 (74^{4-13}) abgelöst. Die Flecken auf der Hardenbergstraße stammen von einem Wassersprengwagen, der hier kurz zuvor die Hinterlassenschafften, u. a. der vielen Pferdefuhrwerke, beseitigt hat.

Rechts: Auf eine abwechslungsreiche Geschichte kann auch der 1871 eröffnete Bahnhof Dallgow-Döberitz an der Strecke Berlin – Stendal –Hannover zurückblicken. Eine T 12 der frühen Bauart beförderte einen Vorortzug aus Wustermark zum Lehrter Bahnhof, aufgenommen vor 1910.

Eröffnung des Abschnitts Stettiner Bahnhof – Anhalter Bahnhof erfolgte am 15. September 1851. Die einstweilige Betriebsführung übernahm die Direktion der Berlin-Hamburger Eisenbahn. Nach Inbetriebnahme der gesamten Bahn wurde diese der königlichen Verwaltung der Niederschlesisch-Märkischen Eisenbahn übertragen.

Die erhofften Vorteile traten in vollem Umfang ein. Die Verbindungsbahn diente zunächst überwiegend dem Güter- bzw. Militärverkehr, wurde jedoch bald auch zur Überführung neuer Eisenbahnfahrzeuge aus den Berliner Fabriken sowie zur Wagenüberstellung von und zu anderen Bahnhöfen benutzt. Hinzu kamen in den Kriegsjahren 1864, 1866 und 1870 jeweils 274, 514 und 642 Militärzüge. Diese Verbindungsbahn war übrigens die erste eigentliche Staatsbahn in Berlin und hielt sich (wie bei Provisorien oftmals üblich) annähernd 20 Jahre lang. Sie wurde erst durch die neue Verbindungsbahn ersetzt, die spätere Ringbahn.

Nach der Eröffnung der Verbindungsbahn bot es sich an, den fehlenden nordöstlichen Teil zwischen Stettiner und Niederschlesisch-Märkischem Bahnhof zu ergänzen und dadurch die Verbindungsbahn kreisförmig auszubauen. Aber glücklicherweise fehlte in den Jahren 1859/1960 das dafür erforderliche Geld (damals Taler bzw.

Slg. GG (2)

Die Berliner Ring-, Stadt- und Vorortbahn ist untrennbar mit den T 11 und T 12 verbunden. Auf der Westseite des Schlesischen Bahnhofs entstand im Sommer 1905 das Foto mit der T 11 und dem aus kurzgekuppelten Dreiachsern bestehenden Personenzug. Vorne rangiert eine T 4 der Bauart Moabit, die von den T 11 und T 12 aus den Stadtbahndiensten verdrängt wurde. Auf der etwas älteren Ansicht vom Bahnhof Friedrichstraße (rechts) ist noch eine T 4 im Einsatz. Links steht eine Schnellzuglok der Gattung S 3.

Thaler), denn man hätte es in ein Provisorium investiert. Richtig angelegt war es dagegen in das neue Projekt, mit dessen Ausarbeitung die Direktion der Niederschlesisch-Märkischen Eisenbahn am 30. April 1865 betraut worden war: Es galt, eine neue Verbindungsbahn weit außerhalb des seinerzeit bebauten Stadtgebietes zu planen, die völlig anderen Baugrundsätzen folgte als die alte. Ihre für mehrgleisigen Betrieb vorgesehene Strecke führte man nun ausschließlich kreuzungsfrei über Dämme, Brücken und durch Einschnitte. Eingeplant wurden außerdem zahlreiche Stationen und Umsteigemöglichkeiten für den Personenverkehr in Wohngebieten und an Kreuzungen/Hauptstraßen sowie Gleisanschlüsse zu Industriebetrieben. Nach umfangreichen Vorarbeiten wurde im Frühjahr 1867 mit dem Bau begonnen. Die Eröffnung des ersten Abschnitts von Moabit über Stralau und Rummelsburg nach Schöneberg erfolgte im Sommer 1871. Inzwischen hatte der deutsch-französische Krieg (Juli 1870 bis Mai 1871) und am 18. Januar 1871 die Proklamation des deutschen Kaiserreiches stattgefunden. Berlin wurde Weltstadt und Hauptstadt des zur Industrie- und Weltmacht aufsteigenden Deutschlands. 1877 überschritt seine Einwohnerzahl die Millionengrenze.

Nach der Fertigstellung des westlichen Teils Schöneberg – Wilmersdorf – Halensee – Westend – Moabit am 15. November 1877 war der Ring vollständig geschlossen. Seine anfangs noch geringe Bedeutung im Personenverkehr wegen der fehlenden Verbindung zur Innenstadt nahm in den folgenden Jahren während der fast unglaublichen Expansion Berlins rasch zu. Sowohl Industrie als auch Mietskasernen rückten unaufhaltsam an die Ringbahn heran und schwappten darüber hinweg. Die Krönung des Erfolgs der weitsichtigen Stadtplaner unter Baurat Georg Orth und dem leitenden Ingenieur Ernst Dircksen war die 1870 begonnene und am 15. Mai 1882 eröffnete Stadtbahn. Nun verkehrten die Züge über Stadt- sowie Ringbahn und gelangten über die Südringspitzkehre zum Potsdamer Bahnhof am Potsdamer Platz ins Zentrum Berlins. Einige der vor 1900 neu errichteten Stationen an diesem einzigartigen Streckensystem haben die Zeitläufe überstanden: die Bahnhöfe Börse (später Marx-Engels-Platz, heute Hackescher Markt)sowie Bellevue und bis 2002 der „denkmalgeschützte", weitgehend noch im Ursprungszustand befindliche Lehrter Stadtbahnhof, einer der wenigen Berliner Bahnhöfe, die den Zweiten Weltkrieg

Slg. Stefan Ponzlet

Slg. GG

Erstmals in Deutschland verkehrte am 1. Mai 1892 ein Schnellzug als „D 31/32" Berlin – Köln – Berlin, also als Durchgangszug, dessen neue Drehgestellwagen Seitengänge und mit Faltenbälgen gesicherte Übergänge besaßen. Und zum 1. Juni desselben Jahres konnte auch D 51/52 Berlin – Frankfurt (Main) – Berlin mit den neuen Wagentypen auf die Reise gehen. D-Züge führten anfangs ausschließlich die 1. und 2. Klasse, wobei sich jeweils in einem 2.-Klasse-Wagen auch ein an private Wirte vermietetes Abteil mit Restaurant und Küche befand. Ab dem 10. April 1893, also rund ein Jahr nach Einführung der D-Züge, machte deren hohe Belegung die Einführung von Platzkarten erforderlich. Oben: Eine der hervorragenden Schnellzugloks der Gattung S 3 stand mit einem D-Zug im Bahnhof Friedrichstraße. Von dieser Gattung beschaffte die Preußische Staatsbahn 1.072 Exemplare, denn sie zeichneten sich u. a. durch ruhige Laufeigenschaften und geringen Kohleverbrauch aus. Wie die S 3 wurden auch die Schnellzugloks der Gattung S 7 bei Hanomag entwickelt und hergestellt (Bauart von Borries). Zwei von ihnen verlassen im Sommer 1905 den Bahnhof Zoo mit einem D-Zug, den sie vom Schlesischen Bahnhof bis Hannover beförderten. Sie konnten mit 318 t Anhängelast dauerhaft 108 km/h fahren, bei Versuchsfahrten erreichten sie 143 km/h.

überstanden hatten. Anlässlich der 750-Jahr-Feier Berlins (1987) wurde er für rund zehn Millionen DM (heute über achteinhalb Millionen Euro) saniert. Aber wen interessiert denn sowas, Politiker etwa? Da ihn gewisse Leute aus diesen Kreisen trotz vieler Bürgerproteste nicht in das Projekt des neuen Hauptbahnhofs einbeziehen wollten, wurde er im Sommer 2002 abgebrochen.

Mit der Stadtbahn war das größte Eisenbahnbauwerk Berlins entstanden, dessen Bauart man – nicht ohne Stolz – als weltweit einmalig bezeichnen durfte. Damit Bahn und Straße nicht miteinander kollidierten, erfolgte die Streckenführung zwischen Charlottenburg und Stralau konsequent auf einem durchgängigen viergleisigen Viadukt mit 731 Bögen – auf 11,6 Kilometer Länge gemauert, der die 56 Straßen und sieben Wasserwege quert. Eine besonders schöne und auch heute noch vielfach fotografierte Passage ist die Überbrückung der Spreearme und der Museumsinsel. Infolge des Zweiten Weltkriegs und später durch die Teilung Berlins nach dem 13. August 1961 wurde die Stadtbahn sehr in Mitleidenschaft gezogen. Aber nach der Wiedervereinigung von Grund auf erneuert, prägt sie mit ihren modernen Zügen heute wieder das Stadtbild Berlins – wie in alten Zeiten.

In den Jahren vor und nach 1900 setzte sich das kontinuierliche Wachstum Berlins mit dem Aufbau der städtischen Infrastruktur, z. B. von Wasserwerken, Wasserleitungen, der Errichtung von Bade- und Waschanlagen sowie der Stadtreinigung, fort. Infolge der raschen Bevölkerungszunahme – 1905 zählte Berlin 2.000.000 Einwohner – entstand eine charakteristische Blockbebauung mit einer Traufhöhe von 22 m, die bis heute zahlreiche Stadtviertel prägt. Damit einher gingen aber auch Bauspekulation und Armut in den Arbeiterwohnquartieren, wo die Menschen in engen Mietskasernen mit mehrfach gestaffelten Hinterhöfen lebten. Wie kein anderer hat der Grafiker, Maler und Fotograf Heinrich Rudolf Zille (1858–1929) das „Berliner Volksleben" dieser Zeit dargestellt bzw. dokumentiert.

Am 1. November 1872 wurde der Neubau des Potsdamer Bahnhofs dem Betrieb übergeben. 1875 nahm das Maschinenbau-Unternehmen Orenstein & Koppel unter ihrem berühmt gewordenen Kürzel O & K die Produktion auf und baute bis 1942 u. a. fast 9.400 Lokomotiven, obwohl es nach 1933 unter dem Arisierungswahn der Nationalsozialisten sehr zu leiden hatte. 1876 erfolgte die Inbetriebnahme des neuen Stettiner Bahnhofs und 1878 richtete die Königlich Preußische Eisenbahn-Verwaltung zwischen Berlin und Frankfurt (M) einen eigenen Schlafwagendienst ein. Diesem folgte am 1. Juli 1880, erstmals in Europa, der Einsatz eines Speisewagendienstes vom neuen Anhalter Bahnhof über Halle (S) nach Frankfurt (M). Der Einsatz des Küchen- und 30 Plätze aufweisenden „Restaurationswagens" erfolgte durch die Internationale Schlafwagen- und Speisewagen-Gesellschaft (CIWL) im Tagesschnellzugpaar zwischen den genannten Städten. Mit Inbetriebnahme des Ferngleispaares der Stadtbahn am 15. Mai 1882 verlegte man einen Teil der vom Potsdamer, Lehrter und Hamburger Bahnhof ausgehenden bzw. ankommenden Züge des Fernverkehrs auf die Stadtbahn, ebenso den Fernverkehr des Schlesischen und des Ostbahnhofs. Seither diente bzw. dient die Stadtbahn mit dem Schlesischen Bahnhof sowie den Bahnhöfen Alexander-

Slg. Stefan Ponzlet

Fürstenbrunn war ein Vorortbahnhof an der Hamburger Bahn, den man vornehmlich für die Arbeiter der benachbarten Siemens-Werke errichtet hatte. 1907 führte eine Lok der ersten T 12-Bauart einen Vorortzug aus Nauen zum rund 35 km entfernten Lehrter Stadtbahnhof. Die große Ausdehnung der Siemens-Werke in den folgenden Jahren rechtfertigte zum 1. April 1925 die Bahnhofs-Umbenennung in „Siemensstadt-Fürstenbrunn".

Slg. GG (oben), Slg. Wolfgang Schumacher

Am 15. Oktober 1875 wurde die Königlich Preußische Militär-Eisenbahn eröffnet, deren Gleise zwischen Berlin und Zossen unmittelbar neben der Berlin-Dresdner Bahn verliefen. Die Inbetriebnahme der Verlängerungsstrecke von Kummersdorf nach Zossen erfolgte zum 1. Mai 1897. Die seltene Lithografie von 1898 wurde am 19. Januar 1899 versandt. Einzelne Buchstaben in deutscher Schrift verraten, dass der Absender aus dem damals zu Deutschland gehörenden Elsaß stammte. Er schrieb (nur sinngemäß übersetzt): *„Mein guter/geschätzter Freund, ich bin in Berlin angekommen. Sehr schön. (...) Grüße Deine liebe Frau herzlich (...) Emile"*

1899 wurden 33 km der Militär-Eisenbahn Marienfelde – Zossen elektrifiziert, wobei man die dreipolige Oberleitung für 10 kV Drehstrom bei 50 Hz in 5–7 m Höhe neben dem Gleis installierte. Initiator war die aus AEG, Siemens und der Preußischen Staatsbahn gebildete „Studiengesellschaft für elektrische Schnellbahnen", der eine Ellok und zwei elektrische Triebwagen zur Verfügung standen. Nach entsprechendem Streckenausbau erreichte am 7. Oktober 1903 der Siemens-Wagen 203 km/h. Drei Wochen später stellte der AEG-Wagen mit 210 km/h einen Weltrekord auf.

platz, Friedrichstraße, Zoologischer Garten und Charlottenburg dem Fernverkehr. Im Jahr 1883 gründete der Berliner Unternehmer Emil Rathenau die „Deutsche Edison-Gesellschaft für angewandte Elektricität", aus der 1887 die die Weltfirma „Allgemeine Elektricitäts-Gesellschaft" (AEG) hervorging. 1895 richtete die AEG in der Brunnenstraße eine große Werkstätte für den Bau „vollständiger elektrischer Lokomotiven" ein und schuf mit dieser den Grundstock für die berühmte, 1912 errichtete Lokomotivfabrik in Hennigsdorf bei Berlin. In Zeiten der DDR bedachte man sie mit dem Namen VEB-Lokomotivbau „Hans Beimler". Das nach der Wiedervereinigung mehrfach umstrukturierte und umbenannte Unternehmen (LEW, AEG, ABB Daimler Benz, Daimler Crysler, Adtranz) firmiert seit dem 1. Mai 2001 als Bombardier Transportation GmbH.

Slg. Wolfgang Schumacher (4)

Während seiner Volontärzeit in der Königlichen Eisenbahn-Hauptwerkstatt Tempelhof in den Jahren 1909 bis 1911 fertigte Ernst Heintze, der spätere Reichsbahn-Oberrat bei der RBD Königsberg, mit seiner Plattenkamera die seltenen Dokumente dieser Doppelseite. In der Richthalle befanden sich zum Zeitpunkt der Aufnahme oben Lokomotiven der Gattungen T 5^1, P 4^2 und P 8 in Revision.

Rechte Seite oben: Für den Verschub im Bereich der Hauptwerkstätte Tempelhof war in den Jahren um 1910 diese Dampf-Draisine zuständig. Eher fraglich ist allerdings, ob sie auch stark genug war, schwere Dampflokomotiven umzusetzen.

Rechte Seite Mitte: Erste noch wenig erfolgreiche Triebwagen, deren Elektromotoren aus mitgeführten Akkumulatorenbatterien gespeist wurden, gab es seit den achtziger Jahren des 19. Jahrhunderts. Nach vielen weiteren Versuchen erfolgte ab 1907 die Indienststellung neuer, zweiteiliger, zweiachsiger Akkutriebwagen der Bauart „Wittfeld“. Sie erhielten unter dem Batterievorbau jedoch schon bald eine zweite Achse, die auch der 1909 in Tempelhof aufgenommene AT 366 evtl. eben bekommen hatte.

Rechte Seite unten: In der Hauptwerkstatt Tempelhof wurden jahrzehntelang u. a. Lokomotiven der Gattungen T 11 und T 12 unterhalten. Die T 11 „7595 Berlin“ hatte sich 1909 einer Revision unterziehen müssen und befand sich gerade auf dem Weg zurück in den Betriebsalltag. Jahre später baute man sie in eine Heißdampflok um und 1925 erhielt sie die Reichsbahn-Nummer 74 147.

AT3 366

Slg. GG

Berliner Wasserwege

In den Jahren, als Deutschland durch die Eisenbahn erschlossen wurde, blieben andere Verkehrswege natürlich nicht zurück. Im Gegenteil, man versuchte, dem übermächtigen Konkurrenten so gut es eben ging Paroli bieten. In Berlin begann 1857 die „Norddeutsche Flussdampfschiffs-Gesellschaft" mit Güterschleppschifffahrten nach Hamburg, die ab 1863 regelmäßig wöchentlich stattfanden. Bereits 1870 umfasste der Schiffspark des Unternehmens 40 Schleppkähne.

Schleusen und neue Kanäle, z. B. der Charlottenburger Verbindungskanal (1872–1875) oder der Sakrow-Paretzer Kanal (1874/75) als Abkürzung der Potsdamer Havelschleife, erweiterten in den folgenden Jahren die Möglichkeiten der von der Eisenbahn hart bedrängten Schifffahrt. Zwischen 1883 und 1890 erhielt der Landwehrkanal Uferbefestigungen aus massiven Mauern, zur selben Zeit wurde der 86 km lange Oder-Spree-Kanal gebaut. Nach 1880 erfolgte der Warenumschlag im Schöneberger- sowie im Nord- und im Humboldthafen mit modernen Dampfkränen der „Berliner Krangesellschaft". Mit der Eröffnung des 38 km langen Teltowkanals am 2. Juni 1906 erreichte man sowohl eine wesentliche Verkürzung der Wasserwege zwischen der Dame („Wendische Spree") bei Köpenick und der Havel bei Potsdam als auch eine spürbare Entlastung der innerstädtischen Wasserstraßen Berlins. Der aus ökologischen Gründen bis 1945 bestehende Betrieb mit elektrischen Treidelloks war übrigens Vorbild für die entsprechenden Anlagen des Panamakanals! 1906 fusionierten die „Berliner Krangesellschaft" mit der „Berliner Lloyd AG" und diese 1917 mit der „Schlesischen Dampfer-Compagnie" zum größten deutschen Binnenschifffahrtsunternehmen. Mit einem wasserseitigen Güterumschlag von 10,4 Millionen Tonnen war Berlin vor dem Ersten Weltkrieg – nach Duisburg-Ruhrort – zum zweitgrößten deutschen Binnenhafen geworden.

Berlin ist eine Stadt der Wasserwege. Vom Lehrter Stadtbahnhof kommend, quert ein aus kurzgekuppelten Stadtbahnwagen gebildeter Zug den Humboldthafen (oben), wo in den Zwischenkriegsjahren stets Hochbetrieb herrschte.

Rechts oben: Vom Halleschen Ufer am Landwehrkanal (links das Tempelhofer Ufer) geht im Winter 1936 der Blick über Lastkähne hinweg zur Möckernbrücke im Vorfeld des Anhalter Bahnhofs mit einer Lok der Baureihe 74^{0-3} (pr. T 11) sowie zur Hochbahnbrücke mit einem kreuzenden Zug.

Slg. GG

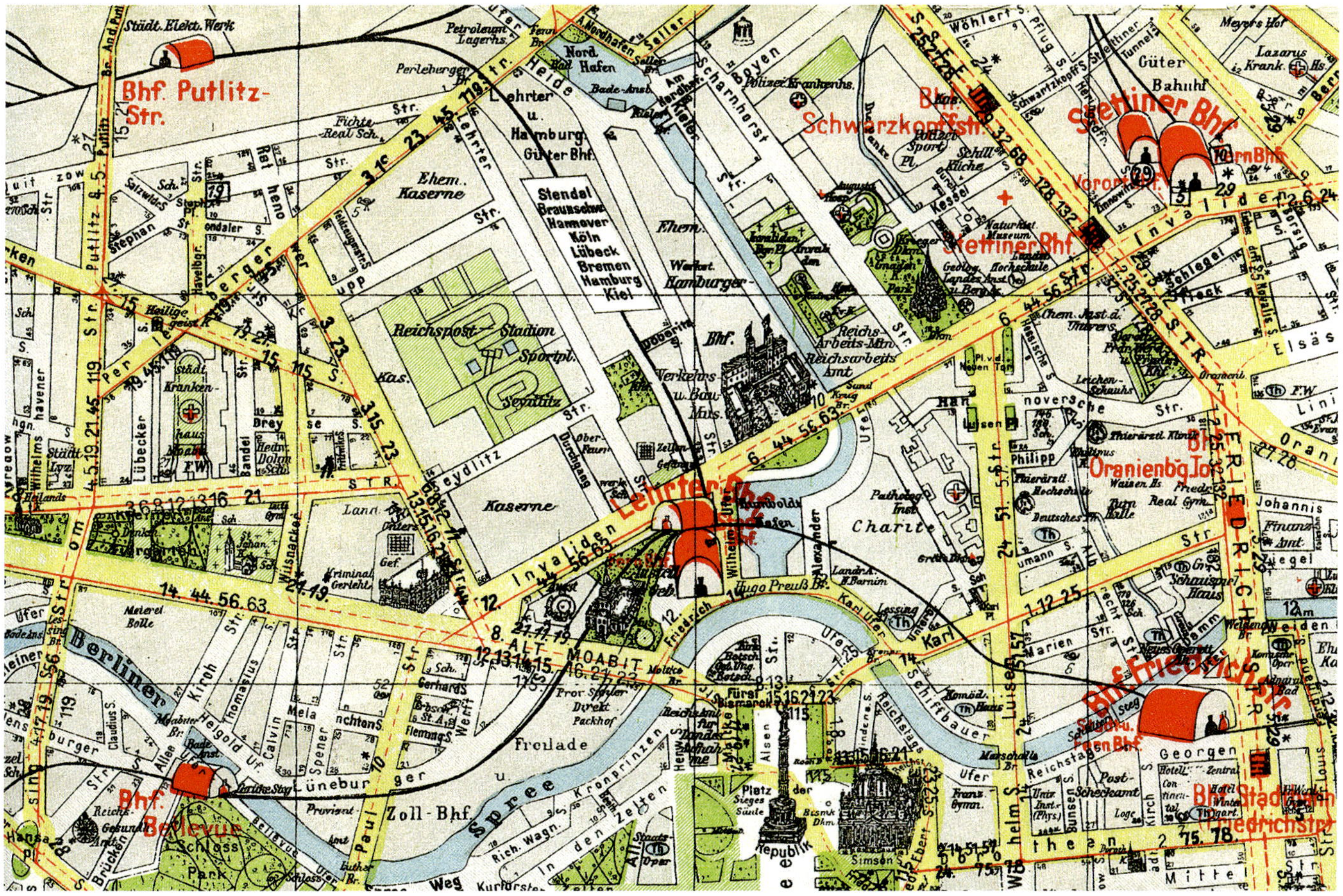

Slg. Volkhard Stern

Ausschnitt eines Berlin-Stadtplans von 1912 mit dem Humboldthafen beim Lehrter Bahnhof und der Verbindung zum Nordhafen.

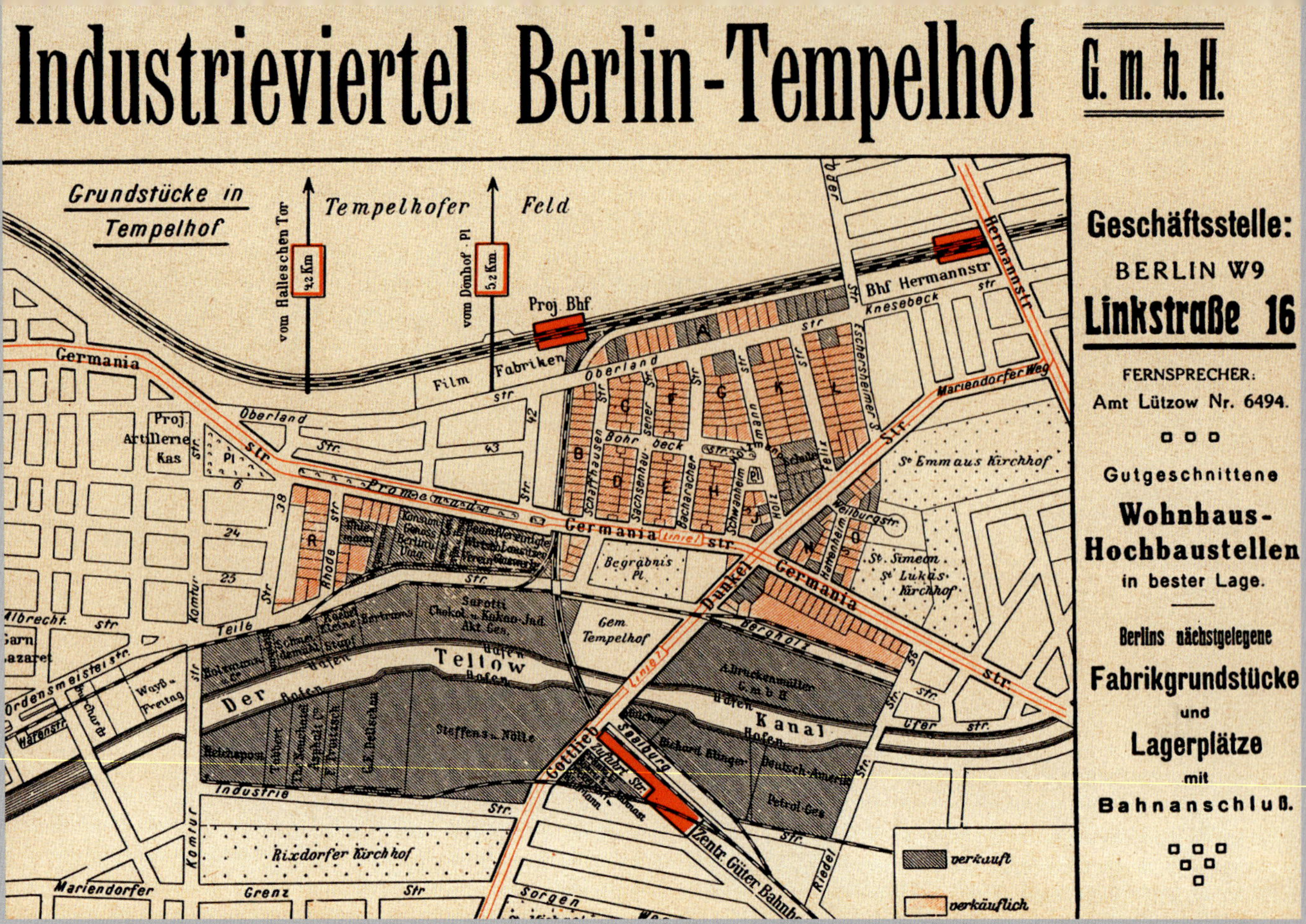

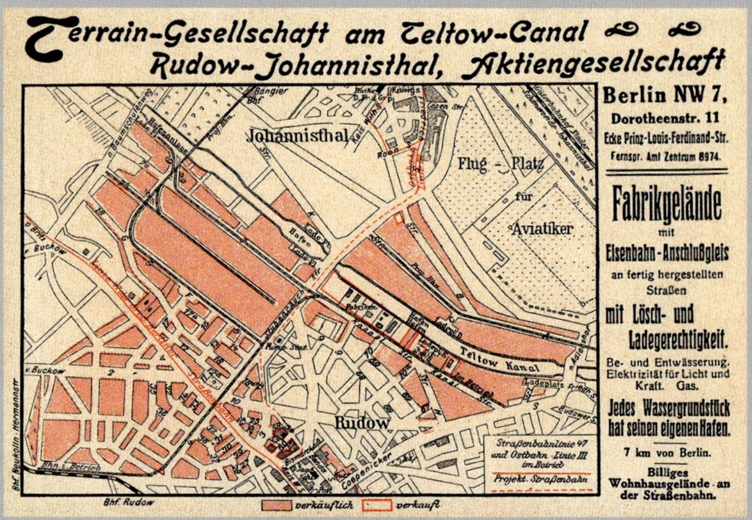

Slg. Wolfgang R. Reimann (3)

Zur Vollendung des Teltowkanals:
Die letzte Barre, die in der Nacht des 16. Dezembers durchstochen worden ist.

Die beiden Berliner Zeitungsausschnitte (links/unten) erinnern an die Eröffnung des großen Wasserweges durch bzw. um Berlin herum: Die Fotografie erschien am 16. Dezember 1905, der Text über seine Eröffnung am 2. Juni 1906. Der überaus wichtige Teltowkanal verbindet die Spree-Oder-Wasserstraße mit der Potsdamer Havel. Wie rasch sich vor allem die Industriebebauung im Bereich des Teltowkanals um 1910 entwickelte, zeigen die großflächigen Grundstücksangebote (oben).

Der Teltowkanal (Abb. S. 2270), der im Frühjahr vom Kaiser feierlich eröffnet wurde, ist jetzt vollendet und in seiner ganzen Länge fahrbar. Dieser Tage fand der letzte Durchstich in Groß-Lichterfelde statt, wo sich den Arbeiten besondere Schwierigkeiten entgegengestellt hatten.

Slg. GG

Slg. Wolfgang R. Reimann

Am 6. Oktober 1934 quert eine T 3 der Neukölln-Mittenwalder Eisenbahn-Gesellschaft (NME) den Teltowkanal, (hinten: die Schokoladenfabrik Sarotti). Die rund 27 km lange NME-Strecke begann (bzw. beginnt) in unmittelbarer Nachbarschaft des Ringbahnhofs Hermannstraße und führte über den 1906 eröffneten Bahnhof Teltowkanal, dem Betriebsmittelpunkt der NME, nach Mittenwalde. Ein seltenes Foto von Heinz Meyer.

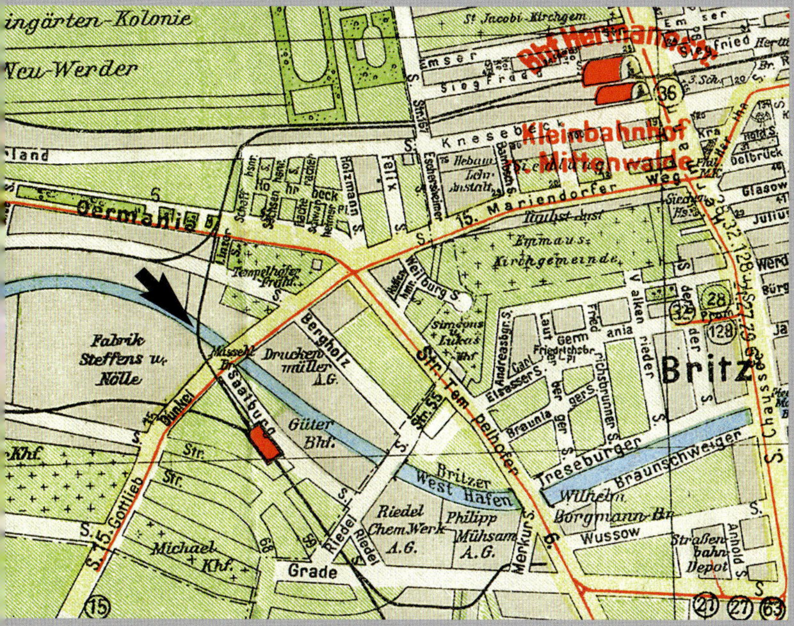

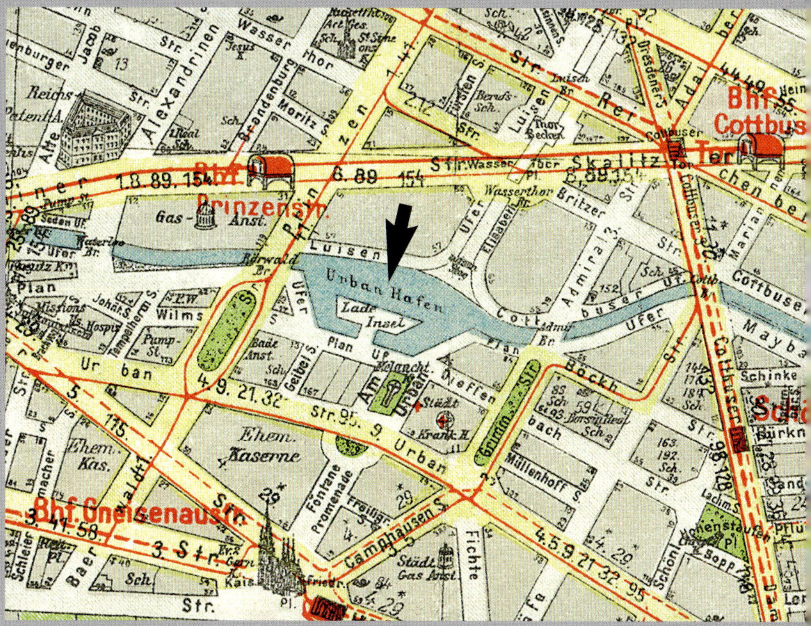

Slg. Volkhard Stern (2)

Der Urbanhafen war ein Binnenhafen des Landwehrkanals. Als die Berliner Hafen- und Lagerhausgesellschaft mbH (BEHALA) in den fünfziger Jahren den Umschlag auf wenige große Häfen konzentrierte, hatte der Urbanhafen endgültig ausgedient. Bedeutungslos geworden, wurde er 1963 geschlossen und verfüllt.

Slg. GG

Mitte der dreißiger Jahre wurden auf dem Teltowkanal im Schritttempo abgebaute Brückenteile nach Lichterfelde Hafen befördert, das Foto entstand in Höhe des Uferwegs zwischen Emil-Schulz und Eugen-Kleine-Brücke (oben und oben rechts). Die Männer auf den Treidelwegen hielten das schwere Gefährt mit Seilen in Kanalmitte.

Am Anleger in Spandau herrschte Hochbetrieb, denn viele Menschen nutzten das kurze Wochenende gerne für einen Ausflug über die Havel zum Spandauer See.

Slg. Wolfgang R. Reimann (4)

Der 103 m hohe Schäferberg (auch Kilometerberg genannt) ist eine natürliche Erhebung im Düppeler Forst in Berlin-Wannsee. Der bei Straßenbauarbeiten Mitte der dreißiger Jahre – hier am 18. Mai 1935 – im Bereich des Schäferbergs anfallende „Märkische Sand“ wurde von einer extra eingerichteten Feldbahn per Kipploren zur Havel transportiert, über eine Behelfsbrücke in Kähne geschüttet und auf dem Wasserweg dorthin befördert, wo er benötigt wurde. Die Aufnahmen dieser Doppelseite stammen von Heinz Meyer.

Berlins Weg zur „Elektrischen“

Der Wandel der Strukturen sowie des Lebens und Alltags der Menschen in den Jahren vor und um 1900 waren derart überwältigend, dass es bei einer Stadt von den Ausmaßen Berlins schwerfällt, den Überblick zu bewahren. Inzwischen erstreckte sich Berlins bebaute Fläche von Spandau bis Falkensee, über Zehlendorf und Wannsee nach Teltow, von Pankow bis Hennigsdorf, Velten, Oranienburg und Bernau – Entfernungen, die nur noch mit einem funktionierenden Nahverkehrssystem zu bewältigen waren. Es würde jedoch den Rahmen des Buches sprengen, hier die komplizierte Geschichte der Berliner Straßenbahn komplett aufzulisten, denn außer privaten Unternehmen, die durch Übernahmen, Fusionen und Konkurse immer wieder wechselten, besaßen mehrere Stadt- und Landgemeinden zeitweise eigene Straßenbahnbetriebe.

Berlins öffentlicher Personennahverkehr ist der älteste in Deutschland. Nachdem 1847 die erste Nahverkehrslinie eröffnet worden war, begann am 22. Juni 1865 mit Eröffnung der von der Berliner Pferde-Eisenbahn-Gesellschaft E. Beskow betriebenen Pferdebahn vom Brandenburger Tor zur Spandauer Straße (heute Spandauer Damm) die Geschichte der Berliner Straßenbahn. Dieser ersten Gesellschaft folgte 1871 mit der Gründung der „Großen Berliner Pferdeeisenbahn AG" der zweite Straßenbahnbetrieb, der sich nach wenigen Jahren zum führenden Unternehmen entwickelte. Seiner im Juli 1873 eröffneten ersten Linie vom Rosenthaler Tor nach Gesundbrunnen folgten bald weitere. Unter diesen befanden sich vor allem lange und durchgehende, also wirtschaftlich vorteilhafte Linien.

Im Bestreben, auf den Straßen Berlins die Pferde möglichst rasch durch Dampfkraft zu ersetzen, begann man ab 1877 mit der Erprobung von Straßenlokomotiven und Dampfomnibussen – bei letzterem waren Maschinen- und Fahrgastraum in einem Fahrzeug vereint. Es verwundert nicht, dass die Große Berliner Pferdeeisenbahn am 20. März 1877 zur Stelle war. Am 21. März berichtete der in Spndau erscheinende „Anzeiger für das Havelland" ausführlich über das Ereignis: *„Der Dampfwagen der Großen Berliner Pferdeeisenbahn hat am Freitag Abend nach 10 Uhr seine Probefahrt gemacht. Die Maschine, die in Kopenhagen bereits sechs Monate lang eine befriedigende Tätigkeit entwickelt hat, beansprucht nur einen kleinen Raum und führt den Bedarf an Kohle und Wasser für eine einstündige Fahrt mit sich. Die Ergänzung der Feuerungsmaterialien nimmt nicht mehr Zeit in Anspruch als das Umspannen der Pferde. Die Fahrt ging vom Depot in der Ackerstraße leicht und geräuschlos vonstatten, nur am Oranienburger Tor bedurfte es einiger Vorsicht, den kleinen Train durch die stark gekrümmte Kurve in das Geleise der Chausseestraße einzulenken. Von dort ging es aber in gerader und rascher Fahrt der Müllerstraße zu. Mehrere Versuche, die Maschine mitten in der Fahrt anzuhalten, gelangen über Erwarten. Der Zug hielt fast sofort auf ein gegebenes Zeichen. Mit der größten Leichtigkeit passierte das Gefährt alle Kurven in der Müllerstraße bis zum Depot."*

Bis zum Sommer 1880 fanden rund 40 Probefahrten mit sieben Schwarzkopff-, zwei Wöhlert-Lokomotiven sowie je einer von Krauss und der Schweizerischen Lokomotivfabrik Winterthur statt. Doch allen Vorbereitungen und Vorsichtsmaßnahmen zum Trotz offenbarten die Probefahrten eine Fülle von Gefahren durch starke Dampfentwicklung, Funkenflug, verqualmte Straßen und Wohnungen, Rauchbildung in den angehängten Wagen sowie scheuende Pferde. Alle hochgesteckten Erwartungen erfüllten sich nicht. Ein regulärer Dampfstraßenbahnbetrieb konnte weder im innerstädtischen Bereich

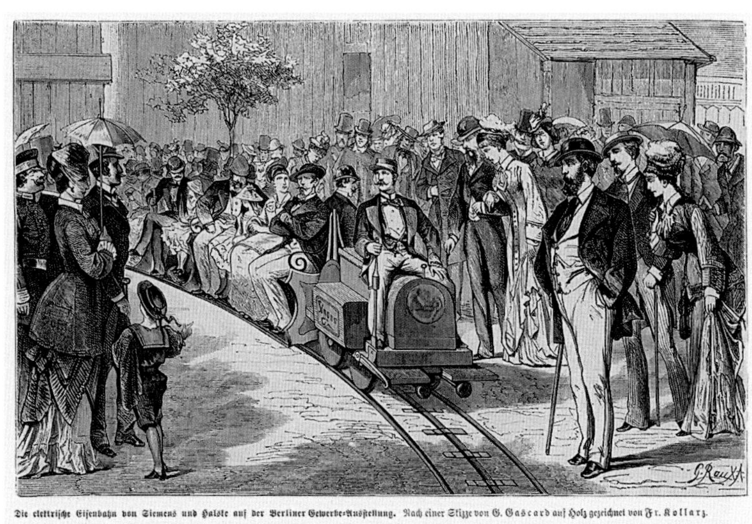

Auf der Berliner Gewerbeausstellung 1879 stellte Werner Siemens die erste elektrische Lokomotive der Welt vor und bewies damit die Verwendbarkeit des Stromes für Schienenfahrzeuge.

durchgeführt werden noch auf den Außenstrecken, wo sich der Pferdebahnbetrieb besonders unrentabel gestaltete. Die Probefahrten wurden noch 1880 eingestellt. Lediglich in den westlichen Vororten, vom Zoologischen Garten nach Wilmersdorf und in den Grunewald sowie vom Bahnhof Großlichterfelde Ost zur Machnower Schleuse kam ein regelmäßiger Dampfbetrieb zustande, wobei sowohl von Dampfloks gezogene Straßenbahn-Anhänger als auch Dampftriebwagen eingesetzt wurden. Die einst bedeutende Wöhlert'sche Maschinenbau-Anstalt in der Chausseestraße (Oranienburger Vorstadt, heute Berlin-Mitte) wurde 1883 aufgelöst.

1879, also zur Zeit der Versuchsfahrten mit Straßenbahn-Dampflokomotiven, fand am Lehrter Bahnhof die Berliner Gewerbeausstellung statt. Dort stellte Werner Siemens (das „von" wurde ihm erst 1888 zuerkannt) auf einer 300 m langen Rundstrecke eine elektrische Bahn vor und bewies den staunenden Besuchern erstmals die Verwendbarkeit des elektrischen Antriebs für den Bahnbetrieb. Bereits 1866 hatte er das elektrodynamische Prinzip entdeckt und leitete daraus die Möglichkeit ab, Maschinen in verschiedensten Variationen zu bauen. Und nun fuhr hier die weltweit erste Lok auf den Ausstellungsgleisen, aber außer Werner Siemens vermochte wohl niemand die Bedeutung und Tragweite des Ausstellungsstückes einzuschätzen.

Dies sollte sich jedoch bald ändern. Aber noch 1880 hatte man seitens der Behörden das von Siemens vorgeschlagene Projekt einer Pfeilerbahn im Verlauf der Friedrichstraße abgelehnt, da *„die Bewährung der Elektrizität für den Bahnbetrieb angezweifelt wurde"*, ebenso die Bauentwürfe einer Probestrecke in der Markgrafenstra-

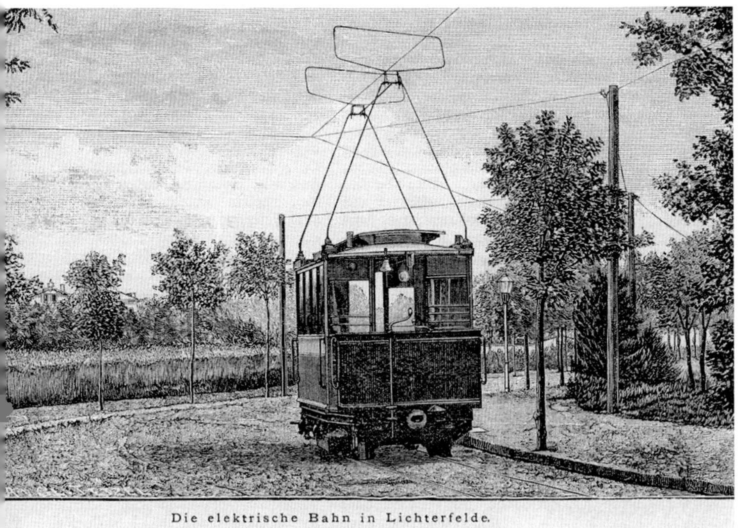

Die erste Straßenbahn der Welt in Lichterfelde. Die Bilder links und oben stammen aus zeitgenössischen Zeitschriften. Unten: Hackescher Markt und Rosenthalerstraße im Jahr 1900 mit Pferdebahnen und ersten elektrischen Straßenbahnen.

Slg. GG (3)

Slg. GG (3)

Auch am Spittelmarkt, einem der Verkehrszentren des alten Berlins, gehörten um 1900 Pferdebahnen und erste elektrische Straßenbahnen zum Alltag auf den Straßen.

ße und einer Hochbahn in der Leipziger Straße. Der weitblickende Werner Siemens wollte seine Ideen jedoch unbedingt in die Tat umsetzen. Die von ihm gegründete Firma erwarb Anfang 1881 eine stillgelegte Materialbahn in Lichterfelde und schon am 16. Mai desselben Jahres fuhr dort die erste elektrische Straßenbahn der Welt! Siemens bezeichnete sie als *„eine von Säulen und Längsträgern heruntergelegte Hochbahn"*. Als 1896 in Treptow die Gewerbeausstellung stattfand, beherrschten noch Pferdebahnen das Straßenbild der deutschen Hauptstadt. Doch nun nahm eine Entwicklung ihren Lauf, die sich durch nichts mehr aufhalten ließ. Im Rahmen eines Wettbewerbs zur Gewerbeausstellung erhielt die Große Berliner Pferdeeisenbahn eine Konzession für Bau und Be-

War das nun ein Omnibus oder eine Straßenbahn? Um es genau zu sagen: Es war beides. Der 1898 in Charlottenburg fotografierte Straßenbahn-Omnibus (Mitte) von Siemens & Halske (S & H) war für den Zweisystembetrieb ausgelegt und bot den Fahrgästen 15 Sitz- und sechs Stehplätze.

Der 1895 von Siemens & Halske gebaute vierachsige Versuchswagen 9 konnte sowohl im Oberleitungs- als auch im Akkumulatorenbetrieb eingesetzt werden. Die Aufnahme entstand vor dem Betriebshof Pankow in der Brehmestraße mit dem Zielschild „Gesundbrunnen". 1899 wurde das Fahrzeug mit drei baugleichen nach Budapest abgegeben.

trieb mehrerer elektrischer Straßenbahnlinien von der Innenstadt zum Treptower Ausstellungsgelände. Diese waren sofort ein voller Erfolg. Nun ging es Schlag auf Schlag: Innerhalb von sechs Jahren, also von 1896 bis 1902, waren – von wenigen Ausnahmen abgesehen – alle Berliner Pferdebahnlinien durch elektrische ersetzt. Gleichzeitig führte man neue Liniennummern ein. Zahlreiche bisherige Pferdebahnwagen wurden umgebaut und fanden als Beiwagen im elektrischen Betrieb noch viele Jahre lang weitere Verwendung. Während der Übergangszeit setzte man auf einigen Linien Akkumulatoren-Triebwagen ein, die sich jedoch nicht bewährten.

Nach Aufnahme des elektrischen Betriebes bezeichnete sich die Große Berliner Pferdeeisenbahn AG ab 1888 als „Große Berliner Straßenbahn AG" (GBS) und übernahm nach und nach weitere Unternehmen. Am 13. Dezember 1920 fusionierte die GBS mit der Berliner Elektrischen Straßenbahnen AG (BESTAG) sowie den Straßenbahnen der Stadt Berlin (SSB) zur „Berliner Straßenbahn". Nach Bildung der Einheitsgemeinde „Groß-Berlin" (1920) lebten hier 3,9 Millionen Einwohner auf einer Fläche von 878 km². Dies machte eine weitere Koordinierung des Personennahverkehrs unumgänglich. Am 1. Januar 1929 überführte man die Berliner Straßenbahn in die neu gegründete städtische „Berliner Verkehrs-AG" (BVG), die gleichzeitig die Hoch- und Untergrundbahnen sowie die von der „Allgemeinen Berliner Omnibus-Actien-Gesellschaft" (ABOAG) betriebenen Buslinien übernahm.

Im Jahr 1929 betrieb die BVG ein 634 km langes Straßenbahn-Streckennetz mit 89 Linien, auf denen sie 4.000 Fahrzeuge einsetzte. Alleine in diesem Bereich beschäftigte die BVG ca. 14.400 Personen. Ende 1929 hatte die Straßenbahn 93 Linien, leistete 170 Millionen Wagenkilometer und beförderte 929 Millionen Fahrgäste.

Slg. Stefan Ponzlet

Slg. GG

Oben: Der Oranienplatz bildete das Zentrum der historischen Luisenstadt. Inmitten seiner rechteckig angelegten Fläche befand sich der Luisenstädtische Kanal. Diesen überquerten hier sowohl die Oranien- als auch die Dresdener Straße mit ihren Straßenbahnlinien auf der 1906 errichteten Jugendstilbrücke mit den vier klotzigen Kandelabern.

Ab November 1917 gab es in Berlin infolge des Personal- und Fahrzeugmangels einen Post-Straßenbahnverkehr zwischen den Postämtern Luckenwalder Straße – Schlesischer Bahnhof und schließlich zwischen 15 Postämtern. Ab Mitte der zwanziger Jahre kamen neue Fahrzeuge hinzu und die Post-Tw und Beiwagen erhielten ein der Nummer vorgesetztes „P", hier z. B. der P 11 mit einem Poststraßenbahnzug in der Invalidenstraße. 1935 wurde der Post-Straßenbahnverkehr eingestellt.

Slg. GG (2)

Es ist unglaublich, wie rasch sich nach 1900 das Straßenbild Berlins veränderte. In die Dominanz der pferdebespannten öffentlichen Verkehrsmittel drängten sich zunächst elektrische Straßenbahnen und lösten die Pferdebahnen innerhalb weniger Jahre fast vollständig ab. Nicht besser erging es den Pferdeomnibussen, als im Herbst 1905 erste Autobusse verkehrten. Die private Motorisierung blieb dagegen noch elitären Kreisen vorbehalten. In diese „drängelte“ sich überraschend sogar eine Frau, nämlich die in Anklam geborene Opernsängerin Johanna Tauscher-Gadsky, die 1907 – selbst steuernd – bereits mit ihrem eigenen Automobil unterwegs war. Na so was! Da mussten die selbstgefälligen Herren gleich mehrmals schlucken. Dies waren nicht nur erste Schritte des Automobils, sondern auch der Frauenbewegung.

Auf einer seiner frühen Aufnahmen hielt der Berliner Journalist und Fotograf Willy Pragher die Alltagsszene am Alexanderplatz mit Doppeldeckerbussen und einem der 123 Maximum-Tw fest, die zwischen 1908 und 1919 beschafft worden waren (oben). Bereits am 18. November 1905 hatte die erste Fahrt eines ABOAG-Omnibus-„Decksitzwagens“ stattgefunden. Wie bei den Pferdeomnibussen benötigte man von Anfang an Doppeldeckerbusse aus der Notwendigkeit heraus, möglichst große Fahrgastkapazitäten zu schaffen. Links ein Bus der ersten Doppeldecker-Generation, die ab 1905 bei der Daimler-Motoren-Gesellschaft (DMG) im Berliner Werk Marienfelde produziert wurden – fotografiert beim „Victoria Café Unter den Linden“.

Slg. GG (3)

Die Neue Automobil-Gesellschaft AG (N.A.G. oder NAG), ab 1915 „Nationale Automobil-Gesellschaft“, war ein großer Automobil- und Nutzfahrzeug-Hersteller in Berlin-Oberschöneweide, der Motoren, Luxuswagen, Lieferwagen sowie ab 1903 auch Lkw und Omnibusse produzierte. Das während des Ersten Weltkriegs errichtete Fabrikgebäude blieb bis heute erhalten und steht unter Denkmalschutz. Nach dem Auslaufen der Kriegsproduktion entwickelte NAG Anfang der zwanziger Jahre eine neue Nutzfahrzeuggeneration, die mit Langholz-, Bier-, Möbel- und Kipper- sowie mit Omnibus-Aufbauten geliefert werden konnte. Charakteristisch war der große ovale NAG-Kühlergrill. Willy Pragher hatte das Glück, gleich zwei NAG-Busse in Diensten der ABOAG aufzunehmen. Trotz ausgezeichneter Produkte der NAG zwangen wirtschaftliche Probleme in den krisenhaften zwanziger Jahren zur Fusion mit Büssing, die am 1. Januar 1931 mit Gründung der Büssing-NAG (Vereinigte Nutzkraftwagen AG) und Sitz in Braunschweig vollzogen wurde.

Oben rechts: 1906 fand die 7. internationale Automobilausstellung in Berlin statt, von Kaiser Wilhelm II. „höchstselbst eröffnet“. Die „1. Motorwagen-Ausstellung“ hatte schon im September 1897 im Rahmen der Gründungsveranstaltung des Mitteleuropäischen Motorwagenvereins (MMV) im Berliner Hotel Bristol stattgefunden.

Vom Avusrennen: Start der Wagen der Klasse 1 bis 4 Steuer PS. W. Ruge, Berlin

Die 1921 eröffnete, 8,3 km lange Automobil-Verkehrs- und Übungsstraße (AVUS) war die erste ausschließliche, aber auch gebührenpflichtige Autostraße bzw. Autobahn der Welt. Die Rennen auf der AVUS waren legendär, hier eine der ersten Veranstaltungen. Legendär waren auch die Geschwindigkeiten der „Silberpfeile“: Am 30. Mai 1937 erreichte der Sieger Hermann Lang auf Mercedes-Benz eine Spitzengeschwindigkeit von 400 km/h, Bernd Rosemeyer auf Auto-Union fuhr mit 276,39 km/h die schnellste Runde.

Berlin geht in die Luft

Als 1871 die Luftschiffer-Abteilung des preußischen Militärs auf dem Tempelhofer Feld Quartier bezog, ahnte niemand, wie bedeutend dieses Areal später sowohl für den nationalen und internationalen Luftverkehr als auch für das Überleben eines Großteils der Berliner Bevölkerung werden würde.

Zunächst war auf dem früheren Manövergelände allerdings von Luftschiffen weit und breit nichts zu sehen. Aber immerhin hatte man durch die Belegung mit der Luftschiffer-Abteilung schon mal ein Anfang gemacht, auch wenn es noch Jahre dauern sollte, bis man tatsächlich in die Luft ging, ohne gleich wieder herunterzufallen. 1881 wurde der „Verein zur Förderung der Luftfahrt" gegründet. Zehn Jahre später machte der 1848 in Anklam geborene Otto Lilienthal mit seinen Gleitflügen am Windmühlenberg in Drewitz weltweit von sich reden. Aber 1896 ereilte ihn durch einen Sturz aus 15 m Höhe das Schicksal vieler Luftfahrtpioniere. 1897 verunglückten auf dem Tempelhofer Feld Dr. Hermann Wölfert und sein Mechaniker in ihrem lenkbaren, von einem Benzinmotor angetriebenen Luftschiff tödlich. Zuvor hatten beide jahrelang das Problem der Steuerbarkeit von Luftschiffen

Bereits im deutsch-französischen Krieg 1870/71 wurden Ballone eingesetzt. Danach entwickelte sich das Ballonfahren zu einem beliebten Sport. Oben: die Halle des „Berliner Vereins für Luftschifffahrt" auf dem Tempelhofer Feld. Rechts: Explosion und Absturz von Dr. Wölferts lenkbarem Luftschiff am 12. Juni 1897 aus rund 200 m.

erforscht und konnten auf der Berliner Gewerbeausstellung 1896 lenkbare Luftschiffe vorführen. Am 20. Mai 1896 stellten sie mit 1.940 m sogar den weltweit ersten Höhenrekord für Luftschiffe auf. Unglücksursache war die direkt unter der Füllöffnung für das Wasserstoffgas montierte Glühstiftzündung des Benzinmotors. Ebenfalls im Jahr 1897 unternahm auf dem Tempelhofer Feld das von David Schwarz (1850–1897) nach dem „starren System" konstruierte erste Ganzmetallluftschiff der Welt seinen Jungfernflug. David Schwarz erlebte den erfolgreichen Start jedoch nicht mehr, er starb kurz zuvor. Seine Prinzipien übernahm Ferdinand Graf von Zeppelin (1838–1917) für die Konstruktion seines ersten Luftschiffs, das sich – weit entfernt von Berlin am südlichen Ende Deutschlands – am 2. Juli 1900 in Friedrichshafen am Bodensee erstmals in die Lüfte erhob.

Bilder vom Tage.

Die grosse Berliner Luftschifferwoche: Aufstieg der Ballons zur Weitfahrt.
Phot. Zander & Labisch.

Im Übermaß „Berliner Luft" schnuppern durften die zahlreichen Teilnehmer der ersten „Internationalen Ballonwettfahrt" am 14. Oktober 1906. Die Veranstaltung fand im Rahmen der „Fédération Aeronautique Internationale" statt, der auch der Deutsche Luftfahrerverband angehörte. Der Massenaufstieg erfolgte in der Jungfernheide. Der Sieger flog „sensationelle" 334 km weit über Breslau hinweg bis Oberschlesien. Den ersten deutschen Flugplatz eröffnete man 1909 in Johannisthal und hielt dort gleichzeitig die erste Berliner Flugwoche ab. Um auf dem Gebiet der Fliegerei mit dem Ausland Schritt zu halten, wurde 1912 in ganz Deutschland zu Geldspenden aufgerufen. Die Deutschen machten mit: Mit den gesammelten 7,5 Millionen Goldmark konnte man die Flugzeugindustrie ausgebauen und zahlreiche Flugschulen gründen. Als Goldmark bezeichnet wurden vollwertige, umlaufende Kurantmünzen zu fünf, zehn und 20 Mark, deren Nominalwert durch das Metall, aus dem sie bestanden, weitgehend gedeckt war.

Durch die Zuspitzung der politischen Situation im Lauf des Jahres 1914 geriet die Fliegerei jedoch zunehmend unter den Einfluss des Militärs und wurde vom Sport zur Waffe. Die Flugzeugindustrie expandierte und konzentrierte sich fast vollständig auf Berlin-Johannisthal. Die technische Entwicklung der Flugzeuge vollzog sich dann in den Jahren des Ersten Weltkriegs.

Hochbetrieb in der Jungfernheide anlässlich der großen Berliner Luftschifferwoche im Oktober 1906. Die beiden Abbildungen dieser Seite wurden der Berliner Zeitschrift „Die Woche" entnommen.

Slg. GG (4)

Hoch-
oder Unterpflasterbahn?

Weitgehend unbekannt ist die erste, 1894 zwischen den AEG-Fabrikationsstätten in der Ackerstraße und der Brunnenstraße entstandene Untergrundbahn Berlins, durch die Materialtransporte geführt wurden. Diese Bahn, die uns das Stichwort zum Thema „Hoch- oder Unterpflasterbahn" gibt, erblickte als Hochbahn das Licht der Welt (von U-Bahn war zunächst noch nicht die Rede).

Wenn Sie heute Berlin besuchen, liebe Leserinnen und Leser, und sich – U-Bahn fahrend – über die nach der Wiedervereinigung wieder zusammengefügten, erneuerten oder neu aufgebauten U-Bahn-Strecken freuen und die zahlreichen restaurierten Stationen und die Oberbaumbrücke passieren, können Sie sich wohl kaum vorstellen, dass sich einst die Berliner Gemüter an der geplanten Hochbahn besonders erhitzten. Während man sich in den Amtsstuben eher um die monotonen Eisenkonstruktionen der Viadukte und damit um das Stadtbild Sorgen machte, forderten viele tausend Anwohner sogar deren Abriss, als sie sahen, was sich in ihren Straßen und vor ihren Fenstern zusammenbraute. Die Einstellung der betroffenen Berliner war wie andernorts: U-Bahn ja, aber bloß nicht vor meiner Tür!

Wie bereits erwähnt, hatte man verschiedene Projekte von Werner Siemens zunächst abgelehnt, so z. B. 1880 den Plan einer Ring-Hochbahn zwischen den Fernbahnhöfen. Siemens vertrat jedoch weiter hartnäckig seine Version, eine Berliner Schnellbahn als eigenständiges System zu errichten, und trug seine Pläne und Vorstellungen immer wieder bei den zuständigen Behörden vor. Endlich stellten diese in Aussicht, dass Siemens außerhalb des Zentrums in der Skalitzer und Gitschiner Straße eine Versuchsstrecke errichten könne, zumal dort die Konkurrenz zur Stadtbahn nicht gegeben sei und gleichzeitig ein abgelegenes Stadtgebiet erschlossen und aufgewertet werden würde. Werner Siemens Begeisterung über diese „abgelegene" Hochbahn hielt sich zwar in Grenzen, aber schließlich wurde ihr Bau als erste Linie ausgeführt.

1891 legten die Unternehmen Siemens und AEG weitere Entwürfe für elektrische Schnellbahnen in Berlin vor. Während die AEG ausschließlich Tunnelstrecken vorsah, blieb Werner, inzwischen *von* Siemens, seiner überwiegend als Hochbahn ausgeführten Linie treu, zumal es seiner Meinung nach bei einer reinen Untergrundbahn durch Schwemmsand und Grundwasser zu ernstlichen Problemen kommen konnte. Werner von Siemens starb am 6. Dezember 1892. Das Unternehmen führten sein Bruder Karl sowie seine Söhne Arnold und Wilhelm (als Firmenchef) weiter. Siemens setzte sich letztendlich mit seinen Plänen durch und erhielt per Ka-

Keineswegs begeistert waren die Berliner von dem, was sich nach 1890 in ihren Straßen abzeichnete. Dass man sich um das Stadtbild Sorgen machte, ist angesichts der klotzigen Eisenkonstruktion nicht verwunderlich, die sich kilometerlang durch die Straßen zog, wie beispielsweise am Luisenufer beim Urbanhafen.

Slg. GG (3)

Beim Bau des U-Bahn-Spreetunnels in der Klosterstraße (1911) mussten zahlreiche alte Gebäude abgebrochen werden. Dass bei diesem schwierigen Projekt nicht alles glatt verlief, bestätigt der Einsturz des Spreetunnels am Spittelmarkt und die damit einhergehende völlige Überschwemmung des gesamten Bereiches. Die Aufnahme rechts zeigt hinten die Türme vom Roten Rathaus (links), vom im selben Jahr (1911) eröffneten Alten Stadthaus (Mitte) sowie von der Parochialkirche (rechts). Nach deren Zerstörung im Zweiten Weltkrieg wurde der Turm 2014/16 in seiner alten Form wieder aufgebaut. Das neue Glockenspiel (Carillon) besteht aus 52 Glocken.

binettsorder am 22. Mai 1893 die Genehmigung zum Bau der Linie Warschauer Brücke – Zoologischer Garten. Deren Verlauf sollte aber nicht, wie ursprünglich geplant, ausschließlich parallel zum Landwehrkanal geführt werden, sondern nun ab der Möckernbrücke über den Dennewitzplatz und weiter durch die Bülow-, Kleist-, Tauenzien- und Hardenbergstraße. Dies machte jedoch eine Zweigstrecke zum Potsdamer Platz erforderlich, um so die Innenstadt zu tangieren. Vorgesehen waren bereits die Weiterführungen zum Wilhelmplatz in Charlottenburg sowie vom Potsdamer Platz über Friedrichstraße und Gesundbrunnen bis Pankow Kirche. Der Entwurf einer Strecke in Richtung Grunewald sah erstmals die Kombination von Hochbahn und Tunnelabschnitten vor. Gewissermaßen als Zugeständnis gegenüber der AEG stimmten die Behörden dem Bau eines Versuchstunnels unter der Spree zwischen Stralau und Treptow zu, der in den Jahren 1895 bis 1899 im Schildvortrieb entstand und von der eigens dafür gegründeten „Gesellschaft für den Bau von Untergrundbahnen GmbH" betreut wurde. Mit diesem erbrachte die AEG zwar den Beweis dafür, dass im Berliner Schwemmsand Tunnel gebaut werden konnten, bestätigten aber auch den Siemens-Standpunkt, dass der Aushub durch das permanente Nachrutschen des Sandes wesentlich größer als der Rauminhalt der Tunnelröhre war. Eine nahe dem Tunnel errichtete Mauer zur Prüfung von Bodenbewegungen und der Standfestigkeit von Gebäuden stürzte ein. Die Erkenntnis daraus war, dass man die später entstandenen Tunnel meist in offener Bauweise vorantrieb. Nach seiner Fertigstellung wurde der Spreetunnel von Straßenbahnen befahren. Aber seitens der Behörden hatte man nach wie vor Bedenken, als 1897 die Gesellschaft für den Bau von Untergrundbahnen das Projekt einer Untergrundstrecke von Humboldthain über Friedrichstraße nach Kreuzberg vorlegte.

Trotzdem nahm in den folgenden Jahren das Liniensystem der Berliner Hochbahn Gestalt an. Bei den hochgesteckten Zielen wäre der finanzielle Rahmen von S & H (Siemens & Halske) auf längere Sicht überfordert gewesen, es gelang jedoch, mehrere Banken zur Unterstützung bzw. Mitfinanzierung zu gewinnen. Mit einem Ak-

Von der feierlichen Eröffnung der elektrischen Hoch- und Untergrundbahn in Berlin am 15. Februar:
1. Der erste „offizielle“ Zug passiert das Gleisdreieck. 2. Die geladenen Gäste verlassen den Zug zur Besichtigung der Kraftstation.
Spezialaufnahmen für die „Woche“.

Die Eröffnung der elektrischen Hochbahn in Berlin (Abb. S. 316). Das Schmerzenskind der deutschen Reichshauptstadt, wie man die elektrische Hochbahn wohl nennen kann, hat angefangen, dem Publikum seine Dienste zu leisten. Seit Jahren hat man in der Presse bereits begeisterte Artikel über den Nutzen lesen können, den das Werk nach seiner Vollendung dem Verkehr bringen würde, seit Jahren aber auch Aufsätze voller Erbitterung und Groll ob der Verunstaltung, die das Bild der Stadt angeblich durch den Bau erleidet. Der Verkehr auf dem Niveau der Straßen hat aber einmal die Grenze seiner Entwicklungsfähigkeit erreicht und muß über oder unter das Niveau flüchten. Den ersten Schritt, dies Bedürfnis zu befriedigen, that in Berlin Werner von Siemens, der eigentliche Begründer der Hoch- und Unterpflasterbahn. Er hat die Vollendung des Werks nicht mehr erlebt, aber sein Name wird damit verknüpft bleiben, wie auch gleich bei der Eröffnung der Bahn am 15. Februar seiner gedacht wurde. Die zu der Feierlichkeit geladenen Gäste wurden in zwei Sonderzügen über die ganze Strecke befördert, die bisher fertiggestellt worden ist. Vom Potsdamer Untergrundbahnhof ging es über das Gleisdreieck nach dem Nollendorfplatz, von dort durch den Tunnel zum Zoologischen Garten und dann zurück wieder übers Dreieck nach dem Stralauer Thor. Das Gleisdreieck und das Kraftwerk, das den Strom für die Züge liefert, imponieren doch am meisten, so großartig auch der ganze Bahnbau wirkt, der, wie Minister v. Thielen bemerkte, bestimmt ist, auch der Stadtbahn einen Teil ihres Verkehrs abzunehmen. Wir können uns nur dem Wunsch anschließen, den der Minister für die verschiedenen Verkehrsanstalten hatte: möge jede auf ihrem Weg bleiben und sehen, was sie zum allgemeinen Besten fertig bringt!

In der Zeitschrift „Die Woche“ erschien am 16. Februar 1902 ein Beitrag mit Fotografien des mit Girlanden geschmückten ersten U-Bahn-Zuges und geladenen Gästen. Als „Weltstadtleben unter der Erde“ betitelte der Fotograf die mit Gaslicht beleuchteten Bahnsteige der neuen U-Bahn-Station Zoologischer Garten.

tienkapital von 12,5 Millionen Mark wurde 1897 die „Gesellschaft für elektrische Hoch- und Untergrundbahnen“ gegründet, die für alle geschlossenen Verträge eintrat, während sich S & H für die Bauausführungen und Inbetriebnahmen verpflichtete. Im selben Jahr beabsichtigte man die am Potsdamer Platz in Bau befindliche Linie gleich weiter zur Königgrätzer- und Sommerstraße (heute Ebertstraße) und am Reichstagsufer entlang über Friedrichstraße bis zur Schlossbrücke zu führen. Diese drei Kilometer lange Linie war erstmals als „Unterpflasterbahn“ nach Volbild der von S & H in Budapest gebauten Untergrundbahn vorgesehen. In ihrem Abschnitt entlang des Spreeufers sah man zum Wasser hin eine offene Galerie sowie Stationen am Brandenburger Tor, Am Weidendamm und an der Schlossbrücke vor. Die Strecke wurde am 12. April 1897 genehmigt.

Im folgenden Jahr sollte dieser – wiederum vom Potsdamer Platz ausgehend – eine 4,4 km lange, teils als Untergrund- und teils als Hochbahn ausgeführte Linie mit den Stationen Friedrich/Mohrenstraße, Spittelmarkt, Jannowitzbrücke und Köpenicker Brücke folgen. Die Stadt Berlin blockierte jedoch zunächst die Ausführung der beiden Strecken, da sie nun eigene Untergrundbahnen bauen wollte. Aber letztendlich blieb es bei der Umsetzung und Ausführung der von Siemens eingeleiteten Projekte.

Den 1. Januar 1900 hätte man in Berlin gerne als Eröffnungstag der neuen Linie gesehen, aber infolge der selbst verursachten Verzögerung war Ende 1899 nur der östliche Hochbahnabschnitt zwischen Sedanufer

Slg. GG (3)

Der von Siemens & Halske 1901 vollendete U-Bahnhof (oder Hochbahnhof) Schlesisches Tor ist nach einem Stadttor in der alten Berliner Zollmauer benannt. Er war, nahe der Oberbaumbrücke, Station an der ersten, am 15. Februar 1902 eröffneten Strecke (Stammstrecke) und ab dem 13. August 1961 (Mauerbau) ein Endbahnhof. Baulich vereinfacht, hat er die Zeitläufe bis heute überstanden.

und Oberbaumbrücke fertiggestellt. Als besonders zeitraubend erwiesen sich die umfangreichen Arbeiten an der Warschauer Brücke sowie der nachträglich von Charlottenburg gehegte und entsprechend ausgeführte Wunsch, anstelle der geplanten Hochbahn eine Unterpflasterbahn zu bauen. Allen Widrigkeiten zum Trotz blieben die Tunnelbauten zwischen den AEG-Fabrikationsstätten in Gesundbrunnen sowie zwischen Stralau und Treptow nicht ohne Wirkung, denn mit der Charlottenburger Lösung konnten gleich zwei Probleme beiseite geräumt werden: das der Kreuzung mit der Stadtbahnstrecke am Bahnhof Zoo sowie die Vorbeiführung der Trasse im Bereich der Kaiser-Wilhelm-Gedächtniskirche. Und mit Rücksicht auf städtebauliche Belange sowie möglichen Streckenverlängerungen ging man, zukunftsorientiert, auch am Potsdamer Platz in die Tiefe.

Ende 1900 wurden mit einem vorab gelieferten Probezug erste Versuchsfahrten zwischen Stralauer Tor und Dennewitzstraße unternommen. Im Spätjahr 1901 folgten erste Fahrten mit einem kompletten Triebzug, dessen elektrische Ausrüstung die Siemens-Monteure gerade erst am Bahnhof Warschauer Brücke eingebaut hatten. Die erste Fahrt mit geladenen Gästen fand am 16. Januar 1902 statt, die Eröffnung des ersten Streckenabschnitts der neuen Schnellbahn erfolgte anlässlich der sogenannten „Ministerfahrt" am 15. Februar 1902. Carl von Siemens, der Bruder des verstorbenen Initiators, begrüßte zunächst die Ehrengäste in einer eigens dafür errichteten Festhalle. Die folgende Fahrt führte vom Potsdamer Platz zum Stralauer Tor und weiter zum Gleisdreieck. Im dortigen Bahnkraftwerk Trebbiner Straße hielt man den zweiten Teil der Festlichkeiten ab – und die langen Querelen der Behörden über „U-Bahn ja oder nein" lösten sich in sanften Tönen und gegenseitigem Schulterklopfen auf.

Nach der Abnahme wurde am 18. Februar 1902 zwischen Stralauer Tor und Potsdamer Platz der öffentliche Betrieb aufgenommen – bereits am ersten Tag zählte man fast 17.000 Fahrgäste. In den nächsten Monaten folgten die Teilstrecken: Potsdamer Platz – Zoologischer Garten am 11. März 1902, Bülowstraße – Möckernbrücke mit Durchbindung am Gleisdreieck am 25. März 1902 und am 17. August 1902 Stralauer Tor – Warschauer Brücke sowie Zoologischer Garten – Knie (nach 1950 Ernst-Reuter-Platz).

Slg. GG

Slg. Dr. Brian Rampp (2)

Die Betriebssicherheit der noch jungen Hochbahn wurde am 26. September 1908 durch ein schweres Unglück am Gleisdreieck in Frage gestellt. Einem vom Potsdamer Platz kommenden Zug wurde vor der Zusammenführung mit der Linie von der Bülowstraße am Vor- und Hauptsignal „Halt“ signalisiert, trotzdem überfuhr sie der Triebwagenführer. Es kam zur Flankenfahrt mit dem fahrtberechtigten Zug von der Bülowstraße. Ein Wagen stürzte aus 8 m Höhe ab. Dabei starben 21 Menschen, über 20 wurden schwer verletzt.

Der Zoo-Eingang in den Untergrund (links unten) liegt im Zentrum des Verkehrs, 1935 aufgenommen vor der abendlichen Silhouette der Kaiser-Wilhelm-Gedächtniskirche. Dieser Bereich war ein Treffpunkt für lebenslustige Berliner. Oben: Wer heute die wunderschön wiederhergestellte Oberbaumbrücke betrachtet, kann sich deren wechselvolle Geschichte kaum vorstellen. Das neugotische Bauwerk über die Spree entstand zwischen 1894 und 1896 als kombinierte Eisenbahn- und Straßenbrücke anstelle einer alten Holzbrücke. Für die Brückentürme stand der Mitteltorturm in Prenzlau Pate. Ab 1902 verliefen auf ihr die Hochbahngleise der ersten Berliner U-Bahn-Linie (oben eine Fotografie von 1928/29). Während der Schlacht um Berlin im April 1945 erlitt die Brücke schwerste Schäden, war nach Kriegsende ein Zentrum des Schwarzmarktes und schließlich – besonders nach dem 13. August 1961 – ein für den gesamten Verkehr (einschließlich der U-Bahn) gesperrtes Symbol der Teilung. Heute ist sie dagegen ein Symbol der Wiedervereinigung und ein Wahrzeichen Berlins.

Slg. GG

Umbau der bisherigen U-Bahn-Endstation Kottbusser Tor bei laufendem Betrieb, oben am 4. Juli 1928. Im Rahmen des Baus des Tiefbahnhofs der Linie Gesundbrunnen – Neukölln (heute U8) musste der Hochbahnhof um einige Meter verschoben werden. Vom neuen Durchgangsbahnhof aus wurde im selben Jahr der U-Bahn-Verkehr bis zur Neanderstraße (heute Heinrich-Heine-Straße) aufgenommen.

Slg. Dr. Brian Rampp

Stadtbahn alias Schnellbahn = S-Bahn

Im Bestreben, die bestehenden innerstädtischen Berliner Verbindungen weiter auszubauen und zu modernisieren, wurde der Gedanke gerne aufgegriffen, die Ring- und Stadtbahn nach den Vorbildern der Straßen- und Hochbahnen zu elektrifizieren. Schon um 1900 begannen erste Versuche mit Triebzügen, die sich optisch nur durch ihre elektrische Ausrüstung von den damals üblichen Abteilwagen unterschieden. Staatsbahnverwaltung und Ingenieure wollten natürlich die bewährten Fahrzeuge mit den vielen Türen beibehalten, da diese einen raschen Fahrgastwechsel garantierten. Die Energie sollte über seitliche Stromschienen zugeführt werden. Siemens & Halske (S & H) erklärte sich bereit, die erforderlichen Anlagen für einen Versuchsbetrieb bis Zehlendorf auf eigene Kosten zu installieren. Der elektrische Betrieb wurde am 1. August 1900 aufgenommen, am 1. Juli 1902 aber wieder eingestellt, da dieser Zug die Bedingungen der Staatsbahnverwaltung nicht erfüllte. Wahrscheinlich waren auch die Voraussetzungen auf der Wannseebahn nicht günstig. Man stimmte jedoch wenig später einem weiteren Versuchsbetrieb zwischen Potsdamer Ringbahnhof und Groß Lichterfelde Ost zu. Das Abgeordnetenhaus sprach sich schließlich am 5. Mai 1913 für die „Elektrisierung" der Stadt-, und Ring- und Vorortbahnen aus. Aber bevor es richtig losging, unterbrach im August 1914 der Ausbruch des Ersten Weltkriegs jede weitere Baumaßnahme. Die Arbeiten wurden erst 1919 wieder aufgenommen.

Die Aufnahme des elektrischen S-Bahn-Betriebes auf dem rund 23 km langen Streckenabschnitt vom Stettiner Bahnhof bis Bernau am 8. August 1924 gilt als Geburtsstunde der heutigen S-Bahn. Aber was bedeutet dieses Kürzel? Stadtbahn oder Schnellbahn? Die Herkunft lässt sich nicht exakt definieren, aber rasch setzte sich bei den Berlinern das kurze und präzise „S-Bahn" fest und war damit weltweit die erste so bezeichnete innerstädtische Bahn. Abgeschlossen wurde die Elektrifizierung der S-Bahn-Strecken am 15. Dezember 1930 – mit Ausnahme der Wannseebahn: Für diese reichte während der Weltwirtschaftskrise offensichtlich das Geld nicht mehr. Ihre Elektrifizierung konnte jedoch nachgeholt und der elektrische Betrieb am 15. Mai 1933 aufgenommen werden. Für die Stromversorgung errichtete man 1926 in Berlin-Rummelsburg das Kraftwerk Klingenberg.

Slg. GG

Auf der Linie Potsdamer Ringbahnhof – Groß Lichterfelde Ost, die auf elektrischen Betrieb umgestellt worden war, verkehrte zwischen 1903 und 1929 der für 550 V ausgelegte Abteil-Triebwagen 2981 (ab 1910 „513 Berlin"), Achsanordnung Bo'2', Gattung CC. Hersteller war die Union-Elektrizitäts-Gesellschaft, die 1904 von der AEG übernommen wurde.

Slg. GG (2)

Slg. Wolfgang R. Reimann

Slg. Dr. Brian Rampp

Slg. Stefan Ponzlet

Mit der „Großen Elektrisierung“ in den zwanziger Jahren einher ging die Entwicklung von speziell für den S-Bahn-Betrieb geeigneten Fahrzeugen, wobei u. a. die Erfahrungen aus der seit 1903 elektrisch betriebenen Strecke Berlin-Potsdamer Ringbahnhof – Lichterfelde Ost die Grundlage bildeten. Nach dem Ersten Weltkrieg entschied sich die neu gegründete Deutsche Reichsbahn für den Betrieb mit seitlich angeordneten separaten Stromschienen. Auf der am 8. August 1924 eröffneten Strecke Berlin Stettiner Bahnhof – Bernau verkehrten die ab 1923 beschafften Versuchszüge A–E (linke Seite oben), abgebildet ist hier wahrscheinlich der von Linke-Hofmann-Busch in Breslau gebaute Versuchszug D im Bahnhof Zepernick am nordöstlichen Stadtrand von Berlin. Ab 1924/25 kamen 17 fünfteilige Züge der Bauart „Bernau“, Baureihe ET 168 (WUMAG/SSW/AEG), zum Einsatz, die jeweils aus zwei vierachsigen Triebwagen und drei zweiachsigen Beiwagen bestanden (linke Seite Mitte). Der nagelneue Fünfwagenzug wurde auf dem Werksgelände fotografiert.

Weitere Fahrzeuge wurden im Rahmen des Ausbaus der S-Bahn-Strecke Stettiner Bahnhof – Birkenwerder bzw. Oranienburg benötigt. Die Bauart 1925 des Typs „Oranienburg“, Baureihe ET 168 (oben), gilt auch optisch als Vorläufer des ET 165, hier im 1935 eröffneten Bahnhof Bornholmer Straße zu sehen. Die von außen gleich aussehenden, mit einer Kurzkupplung verbundenen Wagen wurden in Trieb- und Steuerwagen unterteilt und stellten die kleinste betriebliche Einheit dieses Zugtyps dar. Schließlich lieferten zwischen 1928 und 1931 Orenstein & Koppel (O & K) in Berlin, Wegmann & Co in Kassel, Linke-Hoffmann-Busch (LHB) in Breslau, die Waggon- und Maschinenbau AG (WUMAG) in Görlitz, die Vereinigten Westdeutschen Waggonfabriken in Köln-Deutz sowie die Waggon- und Maschinenfabrik (vormals Busch) in Bautzen 638 Trieb-, 465 Steuer- und 173 Beiwagen der berühmten Baureihe ET 165, Bauart „Stadtbahn“. Auf der linken Seite unten ein ET 165 auf dem Weg nach Bernau, aufgenommen am 11. April 1935 aus einem Gegenzug bei Röntgental. Die Wanderkarte „Für Ausflüge die S-Bahn“ wurde 1938 aufgelegt.

Slg. GG (2)

Im Rahmen der Einführung des elektrischen Zugbetriebes auf der Stadt- und Ringbahn wurde es notwendig, die Bahnanlagen zu überholen. Zahlreiche der gemauerten Stadtbahn-Brückenbogen, die meist als Behausungen, Lager oder als Werkstätten dienten, mussten von Grund auf erneuert bzw. durch neue ersetzt werden – und dies bei Aufrechterhaltung des Bahnbetriebes und Zugfolgen von meist wenigen Minuten, z. B. bei der Begegnung der 38 1833 vom Bw Berlin-Grunewald mit einem Eilzug und einem „Stadtbahner" der Baureihe ET 165. Die beiden Pragher-Aufnahmen entstanden am 30. April 1931 beim Bahnhof Jannowitzbrücke während des Baus des U-Bahnhofs unter dem S-Bahn-Viadukt.

Slg. Dr. Brian Rampp

Im Herbst 1928 entstand dieses Foto der S-Bahn-Station Ausstellung (ab dem 15. Januar 1932 Westkreuz), der am 10. Dezember 1928 eröffnet wurde. Der Kreuzungsbahnhof Berlin-Schöneberg wurde in den Jahren 1932/33 (Eröffnung am 1. März 1933) anstelle des abgebrochenen Bahnhofs Ebersstraße errichtet. Bis dahin gab es von der Wannseebahn keine Umsteigemöglichkeit zur Ringbahn, die hier etwas höher liegt. Am 20. April 1931 hatte der Fotograf Glück, als sich an der Baustelle Züge kreuzten.

Slg. GG

Die Geschichte der Berliner Stadt-, Ring- und Vorortbahn ist untrennbar mit den preußischen Tenderloks der Gattungen T 11 (ab 1925 Baureihe 74^{0-3}) und T 12 (Baureihe 74^{4-13}) verbunden. Die 74 003, aufgenommen 1925 im Bw Lehrter Bahnhof, hat die neue Beschilderung noch nicht erhalten. Sie steht bereit, den ganzen Ring abzufahren. Sehr kundenfreundlich waren die Zuglaufanzeiger auf den Rauchkammern.

Slg. Jürgen Munzar

Slg. Wolfgang R. Reimann (2)

Die eingleisige „Friedhofsbahn“ gehört zu den wenigen im Bild dokumentierten Strecken, zumal am 13. August 1961 der Verkehr zwischen Wannsee und Stahnsdorf wegen der Grenznähe sofort unterbrochen wurde. Am 23. April 1939 querte ein ET 165 nach Stahnsdorf den Teltowkanal, links ein Zug bei Stahnsdorf. Über eine Reaktivierung der Strecke wurde oft debattiert, allerdings dürfte mit dem Neubau der nach Teltow Stadt geführten Lichterfelder Verbindung die Diskussion beendet sein.

Wegen der Trennung von „normaler" S-Bahn und der von Düppel kommenden Stammbahn-Strecke mussten die Bankierzüge in Zehlendorf auf ein Überführungsbauwerk geleitet werden. Heinz Meyer hatte am 13. Juli 1938 das Glück, aus dem Zug von Wannsee – über dem Doppelgleis der Stammbahn – die Einfahrt eines anderen Zuges festhalten zu können. Ganz hinten erkennt man die Stellung des Signals auf Hp 1. Die Reaktivierung der Stammbahn stand nach 1989 immer wieder auf der Tagesordnung, wird aber wahrscheinlich allein schon aus finanziellen Gründen aussichtslos bleiben.

Zum Winterhalbjahr 1933/34 gab die Reichsbahndirektion (RBD) Berlin einen attraktiv gestalteten Fahrplan heraus, mit vielen Tipps für S-Bahn-Ausflüge.

Slg. Volkhard Stern

Rechts die 74 1273 mit einem aus kurzgekuppelten Dreiachsern bestehenden Stadtbahnzug bei Zehlendorf.

Slg. Wolfgang R. Reimann (2)

Das „Gesicht" des ET 165. Willy Pragher schrieb zu dieser Aufnahme: *„Am 24. April 1931 brachte mich die Ringbahn vom Potsdamer Bahnhof nach Schöneberg. Vorher traf ich Triebwagenführer Schultze, der gerade den Kurs gewechselt und jetzt den Gegenzug – Ring über Strahlau-Rummelsburg – zu fahren hatte."* Unten: Der alltägliche Wettlauf auf der Berliner Stadtbahn, hier zwischen einem ET 165 und einer Schnellzuglok der Baureihe $17^{10\text{-}12}$ (preußische S 10^{1}) mit einem Personenzug, aufgenommen zwischen Bahnhof Friedrichstraße und Lehrter Bahnhof.

Slg. GG (2)

Die Jungfernheide war ein Wald- und Heidegebiet östlich von Spandau, das teilweise militärisch genutzt wurde. Gleichzeitig mit dem 1877 in diesem Bereich vollendeten westlichen Teil der Ringbahn entstand, zunächst ebenfalls für das Militär, der Bahnhof Jungfernheide. Diesen erweiterte man 1908 um einen zweiten Bahnsteig (B), als hier auch Vorortzüge Halt einlegten. Im Rahmen der in den zwanziger Jahren durchgeführten Elektrifizierung der Stadt- und Ringbahn sowie der Einführung des neuen S-Bahn-Systems erhielt 1929 auch der Bahnsteig B eine seitliche Stromschiene. Ein Bahnsteig C kam hinzu, als der Siemens-Konzern für seine Mitarbeiter auf eigene Kosten eine im Bahnhof Jungfernheide abzweigende S-Bahn-Strecke bauen ließ (die 1905 eingerichtete Station Siemensstadt-Fürstenbrunn lag ungünstiger zum Werkszentrum, siehe Seite 24). Am 18. Dezember 1929 wurde die von Anfang an elektrisch betriebene „Siemensbahn“ eröffnet. Von den Bahnsteigen in Jungfernheide (oben) und Wernerwerk aus boten die in roter Backsteinarchitektur errichteten Gebäude einen besonders imposanten Anblick. In den Schichtwechsel- bzw. Hauptverkehrszeiten ging es nicht so ruhig zu wie auf den Tritschler-Aufnahmen von 1936. Von den damals – allein in Siemensstadt – rund 90.000 Mitarbeitern nutzten zigtausend die im fünf-Minuten-Takt verkehrenden S-Bahn-Züge.

Fast hätte ich es vergessen, liebe Leserinnen und Leser: Jungfernheide ist von „Jungfer“ abgeleitet, womit die Benediktinerinnen eines mittelalterlichen Klosters gemeint waren. An sie erinnert der Straßenname Nonnendamm.

Dr. Paul Wolff & Tritschler (2)

Durch die 20er in die 30er Jahre

Als die Glocken des Berliner Doms das 20. Jahrhundert einläuteten, war Berlin Knotenpunkt von 12 Eisenbahnlinien und zehn Fernbahnhöfen geworden. Ring- und Stadtbahn waren in den Organismus der Stadt eingewachsen, das Vorortbahn-System nahezu komplett ausgebaut und die Eröffnung der Hochbahn stand bevor. Pferdebahnen- und Omnibusse, die Hauptverkehrsmittel der großen Stadt, waren um 1900 bereits weitgehend von der „Elektrischen" verdrängt worden. Das dichte und gut ausgebaute Nahverkehrsnetz besaß eine außerordentliche Leistungskraft. Es bot in kurzen Zeitabständen regelmäßige und preiswerte Verbindungen mit einem Minimum an Umsteigeaufwand und verband die großflächigen Wohngebiete mit den großen Industrie- und Verwaltungszentren. Wie wichtig und unverzichtbar dieses ausgezeichnete Nahverkehrssystem geworden war, lässt sich daran ermessen, dass Berlin inzwischen zum größten Industriestandort Europas und zum wichtigsten Handels-, Banken- und Börsenzentrum Deutschlands herangewachsen war.

Am 6. November 1902 verkehrten zwischen Berlin und Hamburg sowie zwischen Berlin und Saßnitz die ersten elektrisch beleuchteten Züge in Deutschland. Und wer eine Reise nach Skandinavien antreten wollte, hatte vom 1. Oktober 1903 an die Möglichkeit, vom Stettiner

Das Weltbild 10 Pfg.

Neueste Illustrierte Rundschau

Verlag: Illustration Verlagsges. m. b. H., Berlin W 57, Bülowstraße 66 / Fernsprecher: Nollendorf 2150–2154. Das „Weltbild" (N. I. R.) erscheint wöchentlich einmal.	7. Jahrgang Nummer 23	Bezugspreis: Mk. 5.– jährlich, Mk. 1.25 vierteljährlich, 45 Pfg. monatlich / Lieferung durch jede Postanstalt, den Buchhandel, sowie durch den Verlag frei ins Haus.

„Voll"-Ring!

Slg. Stefan Ponzlet (2)

Nach dem verlorenen Ersten Weltkrieg brachen auch in Berlin unruhige Zeiten an. Zwischen dem 1. Juli und 14. Juli 1919 legten die Bediensteten der Preußischen Staatsbahn – darunter viele Lokführer und Heizer – die Arbeit nieder, um eine bessere Bezahlung zu erzwingen. Als Streikbrecher eingesetzte höhere Beamte aus dem Fahrdienst hielten zwar einen provisorischen Zugdienst aufrecht, konnten jedoch katastrophale Verkehrsverhältnisse nicht verhindern. Die noch als 8415 „Berlin" bezeichnete, spätere 74 1152 unter dem Stellwerk im Bahnhof Tempelhof zierte im Juli 1919 den Titel der Zeitschrift „Das Weltbild" (links das Originalfoto).

Slg. Dr. Brian Rampp (2)

Am Brandenburger Tor, Ostern 1919. Das äußerst schwierige, ereignisreiche erste Nachkriegsjahr hatte u. a. mit dem mit Waffen ausgetragenen Spartakusaufstand sowie mit der Ermordung von Rosa Luxemburg und Karl Liebknecht begonnen. In Versailles verhandelte man über den Friedensvertrag. Am 21. August 1919 wurde Friedrich Ebert als erster Weimarer Reichspräsident und Konstantin Fehrenbach als erster Reichskanzler vereidigt. Bei den vielen Streiks und Unruhen in den zwanziger Jahren war ohne Polizeipräsenz oftmals kein Fahrbetrieb möglich.

Bahnhof aus per Kurswagen nach Warnemünde zu fahren und sich mit der Eisenbahnfähre nach Gedser übersetzen zu lassen, ohne dabei auch nur einmal aussteigen zu müssen. Eine große Entlastung für den Schlesischen Bahnhof war die Inbetriebnahme des Abstellbahnhofs Berlin-Rummelsburg Ost am 1. Mai 1914.

Entwicklung und Fortschritt waren kaum mehr zu überblicken. Mit einem Anteil an der Weltindustrieproduktion von 14,8 % hatte Deutschland im Jahr 1913 Großbritannien (13,6 %) überholt und lag nach den USA (32 %) auf Platz zwei. Aber leider führten die unaufhörlichen Spannungen zwischen Österreich-Ungarn und Serbien 1914 in die Ur-Katastrophe des 20. Jahrhunderts. Zwischen August 1914 und November 1918 tobte ein

Slg. Dr. Brian Rampp

Das Eingangsportal in der Kottbusser Straße zum südlichen Zwischengeschoss des im Februar 1928 in Betrieb genommenen Untergrundbahnhofs Kottbusser Tor. Hinten der gleichnamige Hochbahnhof (siehe Seite 48). Die vom U-Bahnhof Schönleinstraße her eröffnete Linie verläuft über die Stationen Moritzplatz und Jannowitzbrücke zum Alexanderplatz.

Slg. GG

Es mag zwar selten sein, aber im Winter 1922/23 gab es in Berlin Schnee wie im Gebirge. Infolge einer Betriebsstörung kam es am Dönhoff-Platz (im Verlauf der Leipziger Straße, Berlin-Mitte) zu einem erheblichen Straßenbahnstau. Ob sich die Straßenbahner zwischenzeitlich im Aschinger gestärkt haben? Aschinger war damals Europas größtes Gastronomieunternehmen.

Weltkrieg von unglaublichen, bisher unbekannten Ausmaßen mit Millionen von Toten und schlimmen Folgen. Er endete mit dem Waffenstillstand von Compiègne am 11. November 1918, der die Niederlage Deutschlands und Österreich-Ungarns besiegelte. Bereits am 10. November war Kaiser Wilhelm II. per Bahn ins Exil in die Niederlande gefahren, nachdem Reichskanzler Prinz Max von Baden am 9. November 1918 eigenmächtig die Abdankung des Kaisers verkündet und Philipp Scheidemann am selben Tag vom Balkon des Reichstagsgebäudes aus das Ende des Kaiserreichs und die „Deutsche Republik" proklamiert hatte.

Leider wurden den guten, am 14. August 1919 in der „Weimarer Verfassung" konstituierten Ansätzen durch den am 10. Januar 1920 ratifizierten Friedensvertrag von Versailles mit seinen unbezahlbaren Reparationsforderungen die Bestandsgrundlage entzogen (u. a. mussten den Siegern rund 8.000 überwiegend neuwertige Lokomotiven und über 300.000 Wagen übergeben werden). Deutschland hatte die Alleinschuld zu tragen. Hinzu kamen der Verlust großer Gebiete und menschlicher Werte sowie die wirtschaftliche und daraus folgende politische Instabilität im Verlauf der zwanziger und frühen dreißiger Jahre. Aber genau dies war wiederum das Fundament für politische Orientierungen, die in besseren Zeiten keinen Bestand gehabt hätten.

Und doch war Berlin zu keiner Zeit freier und größer als in den zwanziger Jahren. Diese waren einerseits eine

Der Stettiner Bahnhof, aufgenommen 1926/27 von der Ecke Invalidenstraße/Borsigstraße aus. Trotz der wirtschaftlich und politisch schwierigen Zeit spiegelt sich in dieser schönen Aufnahme auch eine gewisse Zuversicht wider, die vor der Weltwirtschaftskrise (Oktober 1929) durchaus berechtigt war. Der auf der Linie 24 eingesetzte NAG-Bus (NAG = Nationale Automobilgesellschaft, Berlin) gehörte zu den ersten Wagen einer Großserie mit geschlossenem Oberdeck, offener Plattform und Linkslenkung, die 1924 von der ABOAG gemeinsam mit den Nutzfahrzeugherstellern Büssing und NAG entwickelt wurde. Er besaß noch Vollgummireifen, die man später gegen Luftbereifung austauschte, sowie an den Dachkanten angebrachte Scheinwerfer. Aus ABOAG, Berliner Straßenbahn-Betriebs-GmbH und der Gesellschaft für Hoch- und Untergrundbahnen entstand zum 1. Januar 1929 die BVG (Berliner Verkehrs-AG).

Zeit der Resignation und der politischen Auseinandersetzungen, andererseits aber auch eine Zeit, in der Berlin mit seinen Opern- und Schauspielhäusern, den zahllosen Varietés, seinem politischen Witz und den Filmstudios weltweit als Kulturhauptstadt galt. Aus den verwaisten Truppen- und Exerzierplätzen waren Siedlungsgebiete geworden, und auf dem Tempelhofer Feld errichtete man die ersten Signaltürme für den neuen Flughafen. Die „Zwanziger" waren aber auch eine Zeit des technischen Fortschritts und der Erneuerung in vielen Bereichen. Vor allem musste der gelichtete und veraltete Lok- und Wagenbestand der deutschen Eisenbahnen – des Hauptverkehrsträgers – aufgearbeitet bzw. durch neue Fahrzeuge modernisiert werden. Dies war den acht Länderbahnen nach vier Kriegsjahren wirtschaftlich nicht mehr möglich.

Daher wurde im April 1920 in Berlin zwischen Reich und Länderbahnen ein Staatsvertrag über den *„Übergang der Staatseisenbahnen auf das Reich"* geschlossen. Die zunächst als „Reichseisenbahnen", ab dem 27. Juni 1921 „Deutsche Reichsbahn" und schließlich ab dem 11. Oktober 1924 „Deutsche Reichsbahn-Gesellschaft" (DRG) genannte Verwaltung übernahm ein Normalspur-Streckennetz mit 53.560 km, ein Sammelsurium von über 32.800 Lokomotiven in 275 Bauarten (Einsatzbestand = 17.000 Lokomotiven), 383 elektrische Triebwagen sowie 64.400 Personen-, 17.200 Gepäck- und 660.000 Güterwagen verschiedenster Gattungen.

Diese Zahlen verdeutlichen, dass etwas geschehen musste, aber es sollten noch einige Jahre vergehen, bis sich das Bild der Eisenbahn zu verändern begann.

Omnibus-Touren durch Berlin erfreuten sich von jeher großer Beliebtheit. Vor allem Reisegesellschaften aus europäischen Ländern und den USA waren gerne mit Dahmen's NAG-Bus oder mit Berolina (unten) und dem seltenen Dürkopp unterwegs. Käse's sowie Elite-Rundfahrten (rechte Seite oben) mussten um 1930 sogar Busse der Deutschen Reichspost anmieten, um das Aufkommen bewältigen zu können. Ausgangs- und Endpunkte waren meist die Bereiche Unter den Linden/Friedrichstraße oder aber, bei geschlossenen Gesellschaften, auch die Hotels/Pensionen.

Slg. GG (3)

Slg. Volkhard Stern

Die „Flyer" von heute zeichnen sich überwiegend durch ein völlig überflüssiges und eher abstoßendes Anglizismen-Kauderwelsch aus, das weder deutschen noch ausländischen Besuchern wirklich weiterhilft. „Highlights" sind u. a. „Hop-on-Hop-off-Sightseeing-Touren", „City Circle Touren" und im Herbst „Lightseeing Touren". Sicher wissen Sie jetzt, liebe Leserinnen und Leser, was gemeint ist bzw. wo es langgeht!

Slg. Volkhard Stern

Die schön gestalteten Rundfahrten-Prospekte oben von 1932 und rechts von 1939 (Büssing mit moderner Dachrandverglasung) erschienen jeweils zum Sommer.

Slg. Stefan Ponzlet (2)

Slg. Dr. Brian Rampp

Wie sehr sich das Bild auf den Straßen gewandelt hatte, dokumentiert die Aufnahme aus dem Jahr 1932 von der Kaiser-Wilhelm-Gedächtniskirche aus über die Tauenzienstraße zum U-Bahnhof Wittenbergplatz. Pkw und Lkw hatten im Zentrum Berlins die Nachfolge des „Hafermotors" angetreten, auch wenn dieser noch nicht ganz aus dem sonstigen Straßenverkehr verschwunden war. Viele Waren wurden noch mit Pferdefuhrwerken zugestellt. Die Protestfahrt des letzten Berliner Pferdedroschkenkutschers Gustav Hartmann („Eiserner Gustav") nach Paris 1928 steht symbolisch für das Ende der Epoche, an die die Spielfilme mit Heinz Rühmann und Gustav Knuth erinnern.

Rechte Seite oben: Gegenüber des Anhalter Bahnhofs an der Ecke Anhalter/Stresemannstraße (1935 Saarlandstraße, 1947 wieder Stresemannstraße) blieben zwei Gebäude in modernisierter Form bis heute erhalten. Im Deutschlandhaus firmierte die überregional angesehene „Vossische Zeitung", die sich durch ihre liberal-bürgerliche Einstellung und mit kritisch-distanzierten Berichten über den Nationalsozialismus bald den Zorn der seit Januar 1933 amtierenden Machthaber zuzog. 1934 musste sie ihr Erscheinen einstellen. Links nebenan entstand 1926 bis 1931 das Europahaus, in dem u. a. die Unternehmen Odol und Allianz-Versicherungen untergebracht waren.

Rechte Seite Mitte: Anlässlich eines Betriebsausfluges im März 1938 sind am Nonnendamm in Berlin-Siemensstadt mehrere BVG-Doppeldeckerbusse vorgefahren. Bevor die Mitarbeiter einsteigen, besprechen einige Herren noch Einzelheiten des Ablaufs.

Rechte Seite unten: Vor dem Reichsluftfahrtministerium (seit 1992 Detlev-Rohwedder-Haus, Sitz des Bundesfinanzministeriums) regelte an der Kreuzung Wilhelmstraße/Leipziger Straße ab Mitte der dreißiger Jahre eine Ampel den Verkehr, fotografiert am 12. April 1938.

Slg. Dr. Brian Rampp

Slg. Volkhard Stern

Slg. Dr. Brian Rampp

Slg. Dr. Brian Rampp

Einer der ältesten Berliner Verkehrswege ist die Frankfurter Straße/Frankfurter Allee (bis 1872 Frankfurter Chaussee), aufgenommen im Oktober 1931. Durch Luftangriffe und bei der Schlacht um Berlin (April 1945) wurde sie fast völlig zerstört. Anlässlich des 70. Geburtstags von Josef Stalin gab man ihr 1949 den Namen Stalinallee, ab dem 13. November 1961 Karl-Marx-Allee. Zu Beginn der fünfziger Jahre entstanden Wohnblöcke im Stil des Sozialistischen Klassizismus (Zuckerbäckerstil). Hier lag einer der Schwerpunkte des Volksaufstandes in der DDR am 17. Juni 1953. Ohne das Eingreifen der Sowjetarmee wären die beiden Teile Deutschlands vielleicht schon damals wiedervereinigt worden.

Slg. Wolfgang R. Reimann

Während des Berufsverkehrs am Montag, den 30. Mai 1938, hatte es der Schutzmann am Halleschen Tor mit seiner kräftesparenden, handbedienten „Flügelanlage" etwas leichter. Rechts: Die moderne Shell-Tankstelle in Berlin-Halensee.

Slg. GG

Slg. Wolfgang R. Reimann

Am 8. April 1938 entstand am Messedamm im Umfeld des Messegeländes/Westkreuz/Kaiserdamm/Königin-Elisabeth-Straße diese schöne Aufnahme von Heinz Meyer mit den beiden ins Bild fahrenden Lokomotiven der Baureihe 03 und dem Opel-Kleinlieferwagen auf P4-Basis. In den Jahren 1924 bis 1926 entstand der knapp 147 m hohe Funkturm. 1932 wurde von ihm aus die weltweit erste Fernsehsendung ausgestrahlt.

Slg. Dr. Brian Rampp (2)

Das erste deutsche Telefonhäuschen, anfangs noch Fernsprechkiosk genannt, wurde 1881 in Berlin in Betrieb genommen. Ab 1899 gab es Münzfernsprecher, die – seit den zwanziger Jahren in einheitlicher Bauart – jahrzehntelang zum vertrauten Bild auf Straßen und Plätzen gehörten, wie hier 1935 in der Tauenzienstraße. Von 1934 bis 1945 waren sie rot lackiert, danach wieder gelb. Heute findet man öffentliche Telefone fast nur noch auf Flughäfen und Bahnhöfen. Rechts: Im Mai 1937 befuhr ein Triebwagen der Nummernreihe 5701-6200 mit einem der ab 1928 – passend zu den Mitteleinstieg-Triebwagen – beschafften Niederflur-Beiwagen die Weidendammer Brücke im Verlauf der Friedrichstraße. Diese Wagengruppe wurde Mitte der dreißiger Jahre umgebaut und neu lackiert.

Nachdem es in Berlin bereits vier Oberleitungsbus-Systeme gegeben hatte (siehe u. a. Seite 36 Mitte), entschloss sich die BVG 1933 zur Einführung eines modernen Oberleitungsbus-Betriebes (Trolleybus ist die englische Bezeichnung). Eingerichtet wurden zwei nicht miteinander verbundene Teilnetze in den Bezirken Spandau (A31) und Steglitz (A32), die zunächst mit Fahrzeugen verschiedener Hersteller bedient wurden. Für den Steglitzer Betriebsteil lieferten 1934/35 MAN und SSW (Siemens-Schuckert-Werke) die vier Oberleitungsbusse 1101–1104. Der 1101 bereicherte vom 14. Februar bis zum 3. März 1935 die 25. Internationale Automobilausstellung …

Slg. Dr. Brian Rampp (2)

auf dem Berliner Messegelände am Funkturm. Vor der Eröffnung der Steglitzer Linie am 2. Mai 1935 wurden die Wagen 1101 und 1102 der Öffentlichkeit vorgestellt.

Der 1101 im Einsatz auf der am 4. Juli 1935 auf Obusbetrieb umgestellten A32, die vom Bahnhof Marienfelde über den bisherigen Endpunkt am Bahnhof Steglitz zum U-Bahnhof Breitenbachplatz verlief. Die Unterstellung der Steglitzer Wagen erfolgte im Straßenbahnhof Steglitz am Hindenburgdamm. Die Wagen 1101–1103 wurden im Zweiten Weltkrieg zerstört. Kriegsbedingt musste die Linie A32 am 11. April 1945 eingestellt werden. Die 20-Pfennig-Briefmarke der Deutschen Bundespost Berlin von 1973 zeigt den Wagen 1002 (Büssing/AEG 1933).

Slg. Dr. Brian Rampp

1930 stellte die BVG neue Straßenbahn-Fahrzeuge in Dienst: Die Gelenkwagen-Züge 6211 und 6212 mit schwebendem Mittelteil (Typenbezeichnung TG 29, später TG 29/38, Länge über Kupplung 23.608 mm). Ihre Einsätze begannen Ende Februar auf der Linie 74 Kniprodestraße – Lichterfelde (Tw 6211) sowie auf der Linie 177 Bahnhof Zoo – Teltow (Tw 6212). Oben der 6212 im März 1930 vor dem berühmten Ufa-Palast am Zoo (Hardenbergstraße 29). Unten der umlackierte Tw 6211 am 16. November 1935 auf der Straße Hindenburgdamm. Anstelle der problematischen Kardanmotoren erhielten beide Fahrzeuge 1938 Tatzlagermotoren. Während der 6212 wegen Kriegsschäden ausgemustert werden musste, blieb der 6211 als Museumsfahrzeug erhalten.

Slg. Wolfgang R. Reimann

Klein, aber oho

Die Teltower Kreisbahnen entstanden (als kommunaler Eigenbetrieb) am 1. April 1906, als der damalige Landkreis Teltow zwei Straßenbahnbetriebe erwarb. Ein dritter Betriebsteil kam 1909 hinzu. Seit 1907 gab es elektrischen Personenverkehr und einen neuen Betriebshof in Stahnsdorf. Als man 1920 Groß-Berlin gründete und alle Straßenbahnbetriebe in dessen Bereich zusammenfasste, blieb die Verwaltung der Kreisbahnen zunächst in Teltow. Aber schließlich wurden zum 16. April 1921 auch die Teltower Kreisbahnen mit ihrem Liniennetz Bestandteil der Berliner Straßenbahn. Diese passte die Strecken durch Umspurungen, Stilllegungen bzw. Umstellungen auf Busbetrieb ihren Erfordernissen an. Im Landkreis Teltow verblieb nur der sieben Kilometer lange Streckenabschnitt der Straßenbahnlinie 96 von Stahnsdorf über Teltow bis zur Stadtgrenze Berlins. Infolge der Kriegsereignisse 1945 eingestellt, nahm man die „96" am 24. Januar 1946 verkürzt wieder in Betrieb. Nach dem Mauerbau am 13. August 1961 endgültig geteilt, wurde die „96" Ost noch im selben Jahr und die „96" West 1966 auf Busbetrieb umgestellt.

Am Ruhlsdorferplatz in Teltow (oben) begegnen sich 1934 ein Omnibus der Reichspost (RP - 12687), eine Straßenbahn sowie ein Bus der BVG. Links: 1929 verkehrte Tw 5522 auf der „96" in Teltow.

Slg. Wolfgang R. Reimann (3)

Sie wurde nur wenige Jahre alt, und doch kann die Spandau-West-Hennigsdorfer Kleinbahn eine überaus abwechslungsreiche Geschichte aufweisen. Die straßenbahnähnliche Kleinbahn existierte von 1923 bis Ende April 1945 und war – mit der Liniennummer 120 – Bestandteil des Berliner Straßenbahnnetzes. Sie verlief vom Bahnhof Spandau-West durch die Spandauer Neustadt über Johannesstift und Nieder Neuendorf nach Hennigsdorf. Die Oberleitung zwischen Spandau-West und Johannesstift war für den Betrieb mit Scherenstromabnehmern ausgelegt und nicht für die damals in Berlin üblichen Rollenstromabnehmer. Die Züge fuhren zunächst auf das städtische Industriegleis nach Hakenfelde und wechselten über eine Weichenverbindung auf das Streckengleis der Bötzowbahn (Bötzow – Berlin – Spandau). In der Gegenrichtung aus Hennigsdorf passierte im Mai 1933 ein Straßenbahnwagen der Serie 4315–4320 (zuvor Teltower Kreisbahnen unter den Betriebsnummern 1–6) das dreiflügelige Einfahrsignal A vor dem Bahnhof Johannesstift. Nach Kriegsende 1945 wurde Betrieb auf der Linie 120 eingestellt.

Slg. Wolfgang R. Reimann

Abseits der großen Strecken und überwiegend entlang des Dahlemer Weges, der die Grenze zwischen Zehlendorf und Lichterfelde bildet, verliefen die Gleise der ZEUHAG (Zehlendorfer Eisenbahn- und Hafen-AG). Den bekannteren Namen „Goerzbahn" verdankte sie dem Präzisionsoptik-Unternehmen Carl Paul Goerz, zu dessen Bau sie 1905 eröffnet worden war. 1926 fusionierte Goerz mit Zeiss-Ikon. Die Bahn diente (ausschließlich) dem nichtöffentlichen Personenverkehr mit Werksangehörigen, der während des Zweiten Weltkriegs eingestellt wurde. Nach wechselvoller Geschichte in der Nachkriegszeit dient die Strecke heute u. a. als Anschlussbahn für einen Automobilzulieferer. Das seltene Foto zeigt einen der Werkszüge, aufgenommen am 29. Juni 1936 vom Berliner Eisenbahn- und Modellbahnfreund Heinz Meyer (siehe Mitgliedskarte).

Slg. GG (2)

Die Kreisbahn Fürstenwalde – Beeskow war ein Eigenbetrieb des früheren Kreises Beeskow-Storkow. Bekannt war sie jedoch als „Scharmützelseebahn", die von Fürstenwalde an der Hauptstrecke Berlin – Frankfurt/Oder (– Posen) aus in südliche Richtung zum Scharmützelsee führte, einem beliebten Ausflugsziel der Berliner in der Mark Brandenburg. Hier war am 16. Mai 1935 auch Willy Pragher unterwegs. Seine Aufnahmen entstanden in Sarow Silberstrand an der 8 km langen Zweigbahn nach Silberberg Waldschänke (oben) sowie an der Kleinbahn Hasenfelde – Müncheberg (rechts). Beide Strecken sind längst in die Eisenbahngeschichte eingegangen.

Berlin geht in die Luft (2)

Slg. GG

Wohl die gesamte Müggelseeflotte hatte sich am 25. Mai 1932 um die soeben gelandete Do X versammelt. Die mehrmonatige Reise hatte das Verkehrsflugboot 1931/32 u. a. in die Niederlande, nach England, Frankreich, Portugal, Gran Canaria, entlang der westafrikanischen Küste bis Portugiesisch-Guinea, dann nach Süd- und Nordamerika sowie in die Karibik geführt. Die von den Dornier-Werken konstruierte Do X (Erstflug 13. Juli 1929) war damals das größte Flugzeug der Welt: Spannweite 48 m, Länge 40 m, Höhe 10 m.

Nachdem Berlin in der zweiten Hälfte des 19. Jahrhunderts von der preußischen Residenz zur Reichshauptstadt aufgestiegen war, etablierte sich hier ein industrielles Zentrum des Maschinenbaus und später der Elektroindustrie. Die Vitalität der Stadt war schier grenzenlos. Auch die Berliner Luft schien sich für erste Flugversuche besonders zu eignen (siehe Seite 40 und 41), von Otto Lilienthal (1848–1896) am „Fliegeberg" in Lichterfelde eindeutig unter Beweis gestellt – trotz des tragischen Endes. Berlin entwickelt sich bereits um 1900 zum Zentrum der deutschen Luftfahrt. Daran änderte auch der Erste Weltkrieg nichts. In keiner anderen Stadt konnten die Kräfte der jungen Flugzeugindustrie besser gebunden werden als in Berlin, obwohl sich einige ihrer wichtigsten Produktionsstätten am Bodensee (Zeppelin und Dornier), in Dessau (Junkers) und in Warnemünde (Heinkel) befanden.

Aus verschiedenen konkurierenden Unternehmen der deutschen Verkehrsluftfahrt wurde am 6. Januar 1926 die „Deutsche Luft Hansa AG" gegründet, deren Name ab Juni 1933 „Lufthansa" lautete. Der planmäßige Luftverkehrsbetrieb begann am 6. April 1926, u. a. mit der ersten Nachtfluglinie zwischen Berlin und Königsberg. Im selben Jahr starteten zwei dreimotorige Junkers-Flugzeuge von Berlin aus über Russland nach Peking. Nur vier Wochen nach dem ersten Atlantikflug von Charles Lindbergh im Juni 1927 wollten die Flieger Chamberlain und Levine – ebenfalls in West-Ost-Richtung – Berlin erreichen, verfehlten es jedoch und landeten in Cottbus. Was die anderen können, müsste uns eigentlich auch gelingen, meinte der erfahrene deutsche Pilot Hermann Köhl, wobei ihn der Direktor der Junkers-Flugzeugwerke Gotthard Sachsenberg in seinem Vorhaben bestärkte, selbst einen Versuch zu wagen – nun jedoch in die wesentlich schwierigere Ost-West-Richtung.

Die ab 1926 gebaute und ausgezeichnet bewährte Junkers W 33 schien der richtige Flugzeutyp zu sein. Bei mehreren Langzeit-Rekordflügen mit der W 33 waren neben Hermann Köhl einige Werkspiloten beteiligt. Der erste Versuch einer Atlantiküberquerung im August 1927 scheiterte wegen einer Unwetterfront und starken Stürmen. Davon ließ sich Hermann Köhl jedoch nicht entmutigen. Auch nicht davon, dass sich die „Luft Hansa" weigerte, ihm für einen weiteren Versuch ein Flugzeug zur Verfügung zu stellen. Trotzdem traf er heimlich alle erforderlichen Vorbereitungen. Die Gelegenheit kam, als er sich in Tempelhof mit einer W 33 zu einem Probeflug nach Dessau abmeldete. Von dort aus nahm er zunächst Kurs auf Irland, von wo aus er am 12. April 1928 zum Flug über den Atlantik startete. Nach 36 Stunden landete er mit dem letzten Tropfen Sprit auf der kanadischen Halbin-

Slg. Wolfgang R. Reimann

Die große, nur wenige Jahre dauernde Ära der Zeppelin-Luftfahrt begann mit der 1928 in Dienst gestellten LZ 127 „Graf Zeppelin“. Am 1. August 1936 überflog das größte Luftschiff der Welt LZ 129 „Hindenburg“ die Reichshauptstadt anlässlich der Eröffnung der Olympischen Sommerspiele. Am 6. Mai 1937 verunglückte die LZ 129 bei der Landung in Lakehurst südwestlich von New York.

sel Labrador. Begleitet wurde er von Major James Fitzmaurice, dem Kommandanten des irischen Flugplatzes sowie von Freiherr von Hünefeld aus Bremen, der das Unternehmen finanzierte. Dem Triumphzug in New York und dem Empfang durch US-Präsident Coolidge schloss sich nach der Rückkehr in Deutschland bzw. Berlin der betretene Empfang seitens der „Luft Hansa“ und Behörden an. In der Öffentlichkeit interessierte sich jedoch niemand für die etwas verzwickte Vorgeschichte. Hermann Köhls sensationelle Leistung fand größte Anerkennung.

Ab 1931 setzte die „Luft Hansa“ auf der Linie Berlin – London viermotorige Flugzeuge des Typs Junkers G 38 ein, die 34 Personen Platz boten. Die Do X, ein zwölfmotoriges Riesenflugzeug (oder besser gesagt Flugboot)

Slg. Wolfgang R. Reimann

von Dornier landete nach seinem Amerikaflug am 25. Mai 1932 auf dem Müggelsee. 1932 ist auch das Geburtsjahr eines der berühmtesten Flugzeuge überhaupt: der Junkers Ju 52. Bei der „Luft Hansa" bzw. nun Lufthansa wurden diese dreimotorigen, überaus wirtschaftlichen und zuverlässigen Maschinen zum meistverwendeten Flugzeug. Im Zweiten Weltkrieg nannten sie die deutschen Soldaten liebevoll „Tante Ju", denn sie zeichnete sich als Transporter, Fallschirmjäger-Sprungmaschine und im Sanitätsdienst als Retter in höchster Not aus. Gebaut wurden insgesamt 4.845 Maschinen.

Weitgehend unbekannt ist dagegen, dass die Reichsbahn sich auch als „Luftverkehrsunternehmen" betätigte. Am 1. November 1933 eröffnete sie zwischen Berlin und Königsberg (Pr.) ihre erste, von der Lufthansa betriebene „Reichsbahn-Fluglinie", der im Februar 1934 die zweite zwischen Berlin und Breslau folgte. Die Entwicklung der Zeppelin-Luftfahrt, die 1936 Leistungen im nordatlantischen Post-, Fracht- und Passagierdienst aufgenommen hatte, wurde am 6. Mai 1937 durch die Katastrophe der LZ 129 in Lakehurst (USA) jäh beendet. Und doch gibt es in der Luftfahrt vor dem Zweiten Weltkrieg noch ein großes Ereignis, dessen weitreichende Folgen wir heutzutage gar nicht mehr wahrnehmen, weil sie selbstverständlich geworden sind: Im Jahr 1938 schaffte eine der formschönen, ab 1937 gebauten viermotorigen Focke Wulf FW 200 „Condor" den ersten Nonstop-Flug von Berlin über den Nordatlantik nach New York und legte die Strecke Berlin – Tokio in 48 Stunden zurück. Es war der Beginn des Langstrecken-Luftverkehrs.

Am 7. März 1932 flog erstmals eine der berühmten Junkers Ju 52, deren charakteristische äußere Konstruktionsmerkmale die Junkers-Wellblechbeplankung und die drei Motoren waren. Rasch erwiesen sich die Ju 52 als außerordentlich zuverlässig und wirtschaftlich und erfreuten sich auch bei den Passagieren größter Beliebtheit. Die Lufthansa wählte sie deshalb zu ihrem Standard-Flugzeugtyp – 1935 flog sie bereits mit 58 und 1940 mit 80 Maschinen. Als am Sonntag, den 2. März 1935, ein ET 165 den Bahnhof Westkreuz zur Fahrt nach Grunewald verließ wurde auch der letzte Langschläfer wach, als fünf Ju 52 die Stadt überflogen. Das Werbebild mit mehreren Ju 52 in Tempelhof entstammt einem Prospekt von 1937 (rechts).

Slg. Stefan Ponzlet

Die Reichsbahn auf dem Weg in die Zukunft

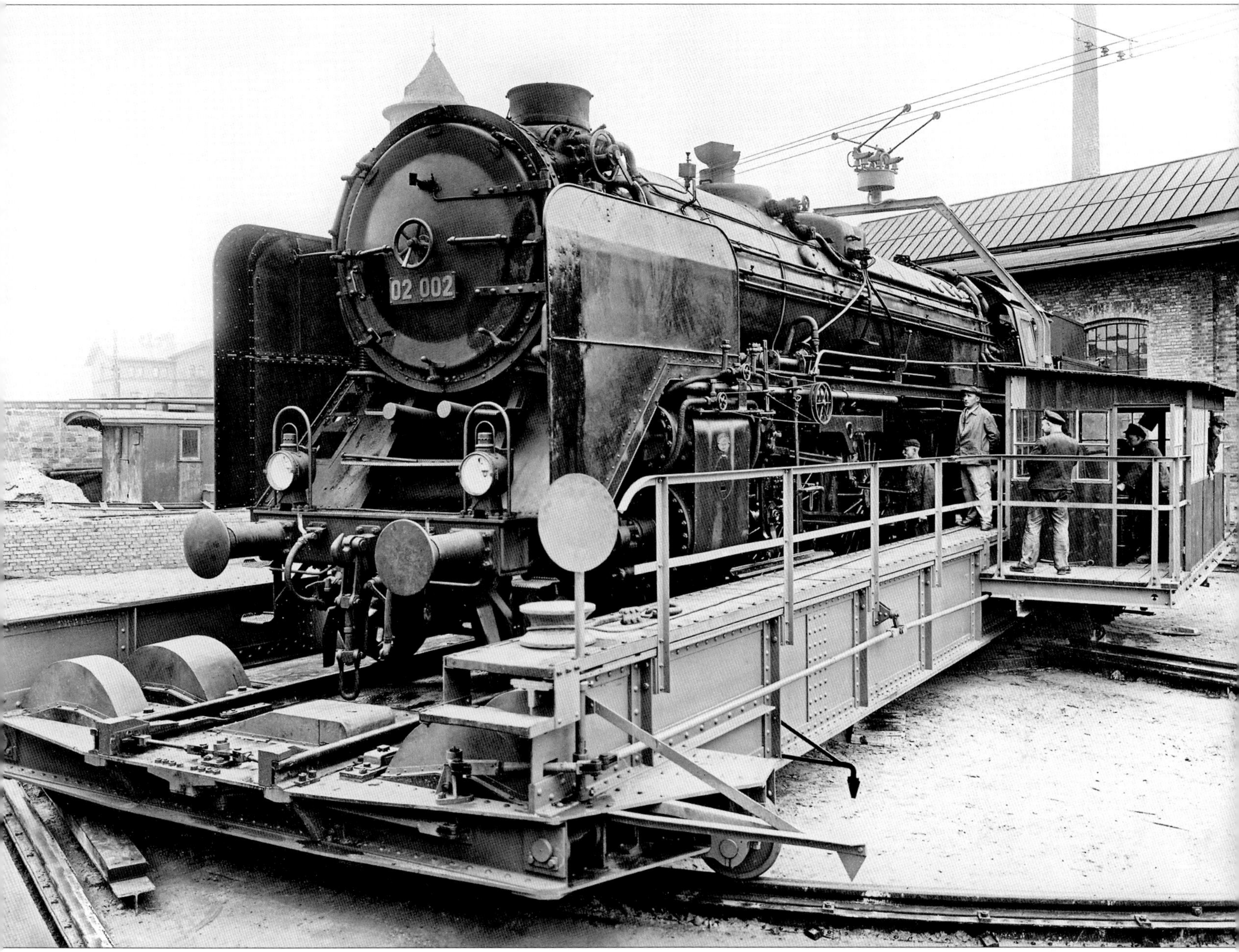

Wirtschaftliche Gründe zwangen die Reichsbahn in den zwanziger Jahren, die Vielfalt des Lokomotivparks zu vermindern und durch neue Triebfahrzeuge zu ersetzen, bei denen möglichst viele Einzelteile ausgetauscht werden konnten. Die neuen Bauarten wurden daher nach einheitlichen Gesichtspunkten entwickelt. Die ersten deutschen Einheitslokomotiven waren die von Henschel gebauten und im Oktober 1925 gelieferten Vierzylinder-Verbund-Schnellzugloks 02 001 und 02 002, wenig später folgte die erste Zweizylinderlok 01 001. Ab dem 30. Januar 1926 unternahm das Lokomotiv-Versuchsamt (LVA) Berlin-Grunewald mit 01 001 und 02 002 Versuchs- bzw. Vergleichsfahrten, deren Ergebnis die Reichsbahn 1927 dazu bewog, nur die Baureihe 01 zu beschaffen. Bis 1942 baute man die zehn 02 in Loks der Baureihe 01 um, die abgebildete 02 002 im November 1939. Danach erhielt diese die Betriebsnummer 01 237. Die Aufnahme von 1930 zeigt die 02 002 (Fabrik-Nr. 20461/1925) mit Messeinrichtungen im LVA Grunewald auf der neu eingebauten Schiebebühne, die auch als Drehscheibe genutzt werden konnte. Die Lok ist mit einem Tender 2'2T30 der Bauart 1925 gekuppelt. Slg. GG

Trotz der großen wirtschaftlichen Probleme infolge des Ersten Weltkriegs musste die Deutsche Reichsbahn-Gesellschaft (DRG) im Verlauf der zwanziger Jahre auf die gewaltigen Fortschritte im Straßen- und Luftverkehr antworten, um konkurrenzfähig zu bleiben.

Zum Sommerfahrplan am 1. Juni 1923 verkehrten zwischen Berlin und Köln die ersten beschleunigten D-Züge, die als „Fernschnell-D-Züge" oder einfacher gesagt als „FD-Züge" bezeichnet wurden. Bei den später verkehrenden Schnelltriebwagen (SVT) hängte man dem FD noch

Bilder der Woche

Der Besuch Brünings in Chequers hat der Welt die Augen für die verzweifelte Lage Deutschlands geöffnet und bereits zu einer Rettungsaktion geführt: Der Präsident Hoover (Bild links), hat den europäischen Staaten, eine einjährige Suspendierung aller Schulden- und Reparationszahlungen vorgeschlagen. Das bedeutet für Deutschland eine finanzielle Entlastung von 1,5 Milliarden.
Kreis: Der Schienen-Zeppelin hat auf einer Probefahrt die Strecke Hamburg—Berlin in 104 Minuten zurückgelegt, was einer Durchschnittsgeschwindigkeit von 170 km entspricht.

Slg. GG

Slg. Jürgen Munzar

Zeitungstext: *„Das Luftschiff Graf Zeppelin, das in diesem Jahr (1930) noch einen Nordpolflug unternehmen soll, bereitet sich für seine große Aufgabe vor. Zum ersten Mal wurde eine Wasserung geübt, d. h. Landen und Starten auf dem Wasser."*

Oben: *„1930 feiert die Schwarzwälder Uhrenindustrie das Jubiläum „200 Jahre Kuckucksuhr". Zur Werbung für die notleidende Uhrenindustrie hat ein Schwarzwälder Uhrenkaufmann eine Fußwanderung nach Berlin angetreten."*

Links und ganz oben: Am 21. Juni 1931 empfingen in Berlin-Spandau zahreiche Reporter und Zuschauer den „Schienenzeppelin". Auf seiner Fahrt von Hamburg hatte der von Dipl.-Ing. Franz Kruckenberg entwickelte, propellergetriebene Triebwagen zwischen Karstädt und Wittenberge mit 230 km/h den Weltrekord für Schienenfahrzeuge eingestellt.

ein „t" an (FDt). Am 7. Januar 1926 wurden in den FD 23/24 und einigen weiteren D-Zügen zwischen Berlin und Hamburg erstmals Zugtelefone eingeführt. Ebenfalls 1926 gaben die DRG und die Deutsche Reichspost gemeinsam das erste Reichskursbuch heraus. Im folgenden Jahr 1927 wurde am 15. Mai bei der DRG und der Reichspost die 24-Stunden-Zeitzählung eingeführt, im Posttelegrafenbetrieb war sie bereits zum 1. November 1926 übernommen worden.

Mit der Rekordfahrt des durch einen großen Propeller angetriebenen „Schienenzeppelin" am 21. Juni 1930 von Hamburg-Bergedorf über Ludwigslust und Wittenberge nach Spandau West – 257 km in 98 Minuten entsprechend einer Höchstgeschwindigkeit von 230 km/h und

Der SVT 877 „Fliegender Hamburger" während der Probefahrten im Dezember 1932 im Lehrter Bahnhof, aufgenommen von Willy Pragher. Die Stahlleichtbau-Konstruktion entstand bei der WUMAG (Waggon- und Maschinenbau AG Görlitz), die elektrische Ausrüstung sowie die beiden Tatzlagermotoren im Jakobs-Drehgestell lieferte Siemens, die Dieselmotoren kamen von Maybach. Slg. GG

einer Reisegeschwindigkeit von 157,3 km/h – kündigte sich eine neue Schienenfahrzeuggeneration an. Zwischen Berlin und Hamburg verkehrten mit Beginn des Sommerfahrplans 1932 aber auch die schnellsten planmäßigen Dampfzüge im Netz der DRG. Die durch den „Schienenzeppelin" ausgelöste neue Ära auf Deutschlands Schienen begann am 15. Mai 1933 morgens um 8.02 Uhr, als der unter der Bezeichnung „Fliegender Hamburger" berühmt gewordene SVT 877 (S = Schnell, VT = Verbrennungstriebwagen) vom Lehrter Bahnhof aus seine erste Planfahrt nach Hamburg antrat. Bei Versuchsfahrten erreichte er 175 km/h, seine Höchstgeschwindigkeit im Betriebsalltag wurde jedoch auf 160 km/h festgelegt. Der SVT 877 galt als schnellster Reisezug der Welt. Für die 287 Kilometer lange Strecke Berlin – Hamburg benötigte er nur 138 Minuten, was einer Reisegeschwindigkeit von 124,6 km/h entsprach. Aufgrund seines erfolgreichen Einsatzes beschaffte die Reichsbahn weitere, jeweils modernisierte Triebzüge in drei- und vierteiliger Bauart, mit denen nach und nach ein von Berlin ausgehendes SVT-Netz eingerichtet wurde.

Der ersten Linie nach Hamburg folgten am 1. Juli 1935 zwischen Berlin und Köln die FDt 15/16 „Fliegender Kölner" (fünf Stunden und neun Minuten, Reisegeschwindigkeit zwischen Berlin, Stendal und Hannover = knapp 133 km/h), und am 15. August desselben Jahres die SVT-Verbindungen FDt 571/572 vom Anhalter Bahnhof über Leipzig und Erfurt nach Frankfurt (M) – 549 km in fünf Stunden und sechs Minuten! 1936 bestanden zwischen Berlin und zahlreichen Städten Deutschlands FDt-Linien, u. a. von Berlin über Sagan, Liegnitz, Breslau und Oppeln nach Beuthen in Oberschlesien. SVT kamen sogar bis Basel (CH). Die SVT-Verbindung Berlin – Königsberg (Pr.) über Küstrin, Landsberg (Warthe), Schneidemühl und Dirschau befand sich in Vorbereitung, konnte jedoch durch den Ausbruch des Zweiten Weltkriegs nicht mehr aufgenommen werden.

Mit den laufend beschafften Triebzügen für den Fern- und Nahverkehr sowie mit modernen elektrischen Lokomotiven und Triebwagen, die auf den elektrifizierten Netzen Schlesiens, Mittel- und Süddeutschlands verkehrten, war den bisher dominierenden Dampfloks eine große Konkurrenz entstanden – also mussten auch diese schneller werden. Nach erfolgreichen Messfahrten mit der versuchsweise stromlinienverkleideten Schnellzuglok 03 154 entwickelte und baute Borsig 1935 die beiden Stromlinienlokomotiven 05 001 und 05 002, die wir etwas näher betrachten wollen. Nach ihrer Indienststellung wurden die optisch und technisch gelungenen Maschinen (Treibraddurchmesser 2,30 m) zahlreichen Messfahrten unterzogen, wobei sich herausstellte, dass sie außerordentlich leistungsfähig waren und ausgezeichnete Laufeigenschaften besaßen. Während die 05 001 zur Fahrzeugschau anlässlich des Jubiläums „100 Jahre deutsche Eisenbahnen" kam, setzte man mit der 05 002 die Probefahrten fort. Geschwindigkeitsbereiche von 170 bis 180 km/h waren für die mit Gleitlagern ausgerüstete „002" und ihren Messwagen schon bald nichts Besonderes mehr. Am 26. Juli 1935 wurden sogar 195,6 km/h erreicht. Unterdessen ging die Entwicklung der Schnelltriebwagen weiter. Am 17. Februar 1936 – im Jahr der Olympiade in Garmisch-Partenkirchen und Berlin – schaffte der dreiteilige, dieselelektrische SVT 137 234 a/b/c der Bauart Leipzig anlässlich einer Versuchsfahrt zwischen Berlin und Hamburg 205 km/h und stellte damit einen Weltrekord für Regel-Schienenfahrzeuge auf. Im folgenden Frühjahr 1936 nahm man auf derselben Strecke auch die Schnellfahrten mit der 05 002 wieder auf, die im Bereich von 60 bis 180 km/h mit jeweils um 20 km/h erhöhter Beharrungsgeschwindigkeit ausgeführt wurden. Hierzu gehörte auch die Fahrt am 11. Mai 1936. Aus Hamburg kommend, hatte die 05 002 mit ihrem aus einem Messwagen und drei Schnellzugwagen bestehenden Zug bis Wittenberge bereits eine mittlere Geschwindigkeit von 132 km/h erreicht. Hinter Neustadt (Dosse) folgte der für höchste Geschwindigkeiten geeignete Streckenabschnitt, nun sollte die Lok voll gefahren werden. Bei Streckenkilometer 70 lag die Geschwindigkeit noch bei 180 km/h, die in der Ebene liegende, 20 Kilometer lange Gerade bis Paulinenaue begann bei Streckenkilometer 63 mit 195 km/h. Bei Kilometer 62, also nach nur 19 Sekunden, wurden schon 200,4 km erreicht, wobei man eine Zylinderleistung von 3400 PSi registrierte. Nach einigen Kilometern wurde die Herabsetzung der Geschwindigkeit angeordnet, obwohl keine maschinentechnischen Bedenken vorlagen, der Kessel hatte die erforderliche Dampfmenge unermüdlich bereitgestellt. Zu diesem Zeitpunkt befand sich die 05 002 noch im Beschleunigen, und hätte man ihr weiter freien Lauf gelassen, wären problemlos 220 km/h erreicht worden. Der Reichsbahn ging es jedoch weniger um betrieblich noch nicht umsetzbare Endgeschwindigkeiten als vielmehr um die Bestätigung der Eignung der 05 für den Schnellverkehr im Betriebsalltag. Demnach war

Slg. GG

Anlässlich des Jubiläums „100 Jahre deutsche Eisenbahnen" zierte die 05 001 im Juni 1935 den Titel einer Sonderausgabe der „Illustrirten Zeitung".

Slg. Wolfgang R. Reimann

Erste „Gehversuche“. Wenige Tage nach ihrer Übergabe von Borsig an die Reichsbahn (17. Mai 1935) und Überstellung zum Versuchsamt Grunewald befand sich die nagelneue 05 002 am 24. Mai 1935 samt Messwagen und einer Lok der Baureihe 17^{10} (pr. S 10^{1}) auf einer ihrer ersten Messfahrten, aufgenommen bei der Einfahrt in den Potsdamer Hauptbahnhof. Hinter der 17^{10} die Havelbrücken.

Slg. GG (2)

diese Rekordfahrt ein voller Erfolg, was die Erlangung von Erkenntnissen betraf. Die durchschnittlichen Fahrzeiten der SVT wurden deutlich unterboten.

Am 15. Mai 1936, also nur vier Tage nach der Rekordfahrt mit der 05 002, nahm die Reichsbahn zwischen Berlin Anhalter Bahnhof und Dresden Hbf den planmäßigen Schnellverkehr mit dem von der Stromliniendampflok 61 001 geführten Henschel-Wegmann-Zug auf. Die 180 km lange Strecke wurde mühelos in 95 Minuten zurückgelegt.

Anhalter Bahnhof, 5. Mai 1938, 13.00 Uhr. Zehn Minuten wird es noch dauern, bis die Stromlinien-Tenderlok 61 001 mit dem Henschel-Wegmann-Zug als D 54 abfahren wird. Täglich zweimal verkehrte dieser Zug zwischen Berlin und Dresden ohne Zwischenhalte. Bei Ausfall der planmäßigen 61 001 – z. B. bei Reparaturen oder an Auswaschtagen – musste eine 01 für sie einspringen wie hier am 19. Mai 1938, fotografiert aus dem Stellwerk *Abf.* Hinten das Bw Berlin Anhalter Bahnhof.

Rechte Seite unten: Am 3. Oktober 1938 stand auf Gleis 17 des Anhalter Bahnhofs die 03 119 vom Bw Halle (Saale) abfahrbereit vor einem Reisezug in Richtung Süden. Im Vorjahr hatte man die Bw Halle (S) 1 und Halle (S) 2 zum Bw Halle (S) vereinigt. Übrigens: Die Leute rechts heben nicht die Hand zum „deutschen Gruß“, sondern winken ihren Angehörigen zum Abschied.

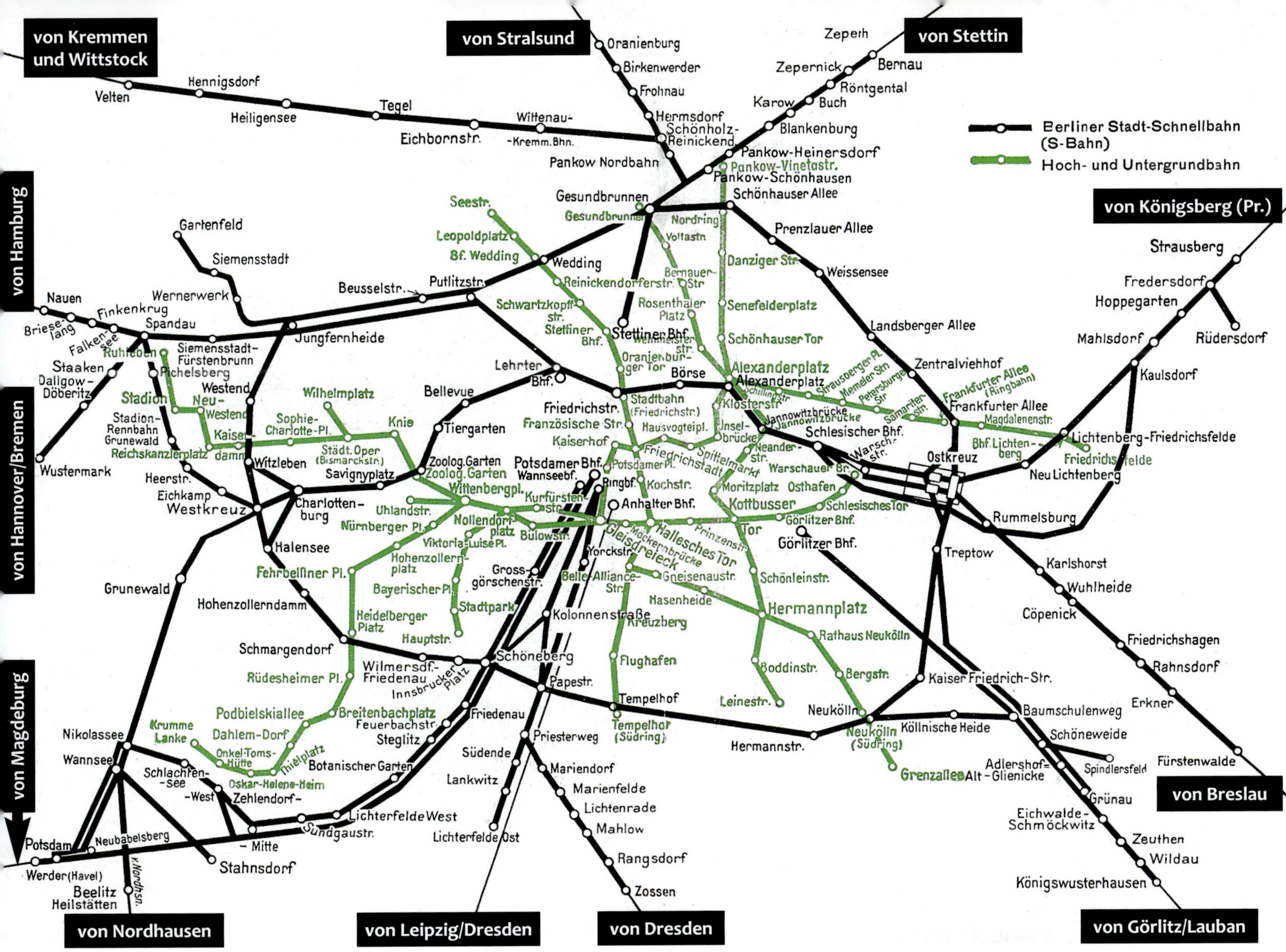

Eisenbahnkarte aus dem Jahr 1936 mit Fern- und innerstädtischen Strecken. Slg. Stefan Ponzlet

Slg. Wolfgang R. Reimann

Slg. Jürgen Munzar

Trotz der laufenden Beschaffung von modernen Triebfahrzeugen ab Mitte der zwanziger Jahre konnte die Reichsbahn noch lange nicht auf bewährte Länderbahnlokomotiven verzichten. Am 2. Februar 1938 stand die 18 006 (sächsische XVIII H) vom Bw Dresden-Altstadt abfahrbereit vor einem Schnellzug nach Chemnitz. Die Loks dieser Baureihe waren ständige Gäste im Anhalter Bahnhof. Auf dem Sockel neben der 18 006 stand bis 1927/28 das Brückenstellwerk, siehe die Aufnahme links.

1926 war im Anhalter die 74 284 (pr. T 11) im Rangierdienst eingesetzt. Der Abbruch des nicht mehr zeitgemäßen Brückenstellwerks mit Signalanlagen gab den Blick auf die imposante Bahnsteighalle frei.

Slg. GG (3)

Die Bw Anhalter Bahnhof und Potsdamer Güterbahnhof waren die Berliner Heimat-Dienststellen der Baureihe 39 (preuß. P 10). Am Donnerstagvormittag, 19. Mai 1938, fotografierte Willy Pragher im Anhalter Bahnhof u. a. die 39 111 mit einem abfahrenden D-Zug nach Dresden und Prag. Trotz des regnerischen Wetters gelang ihm eine schöne Bildserie. Aber es war eine schwierige Zeit: Zwei Monate zuvor, am 12. März 1938, hatte Hitler die Wehrmacht in Österreich einmaschieren lassen.

Nachdem sie einen Eilzug aus Chemnitz über Riesa nach Berlin befördert hat, fährt die 38 2422 aus dem Anhalter Bahnhof ins Bw Anhalter Bf und quert dabei den Landwehrkanal unter der Möckernbrücke.

Slg. GG

Blick auf den Lehrter Güterbahnhof im März 1937 mit den Abstellgruppen der Reisezugwagen. Die 74 1239 vom Bw Lehrter Bahnhof dampft mit einem Personenzug über die Ferngleise in Richtung Lehrter Bahnhof. Hinten eine Einheitslok der Baureihe 64.

Rechte Seite oben: Am 12. Januar 1935 rangierte die 74 134 (preuß. T 11), ebenfalls vom Bw Lehrter Bahnhof, Güterwagen durch das verschneite Gleisfeld des Verschiebebahnhofs Moabit, einem wichtigen Knoten der Berliner Ringbahn. Im darauffolgenden Jahr wurde die Lok an eine Privatbahn verkauft. Ein trauriges Kapitel in der Geschichte des Güterbahnhofs Moabit waren die von hier aus erfolgten Deportationen von tausenden Juden während des Zweiten Weltkriegs.

Rechte Seite unten: Ein wunderschöner Schnappschuss gelang Heinz Meyer am frühlingshaften 26. April 1939 an der Havelbrücke in Spandau West. Die spazierengehenden Damen mit Kinderwagen lassen sich der Pankower 93 024 absolut nicht stören. Frühlingsgefühle wollten allerdings nicht so recht aufkommen: Wenige Tage zuvor, am 15/16. März 1939, hatten deutsche Truppen das restliche Staatsgebiet der Tschechei besetzt. Viele besorgte Menschen fragten sich inzwischen, wohin die undurchsichtige Politik Hitlers führen würde …

Slg. GG

Slg. Wolfgang R. Reimann

Slg. Stefan Ponzlet

Zwischen Mai und Dezember 1933 erhielt die RBD Berlin neun fabrikneue Einheits-Schnellzugloks der Baureihe 03. Bis 1936 erhöhte sich der Bestand auf 27 Exemplare, die man auf die Bw Karlshorst, Grunewald und Lehrter Bahnhof verteilte. Am 18. März 1937 passiert eine 03 die Havelbrücke in Potsdam mit einem D-Zug aus Kreiensen. Auf bewährte Länderbahnlokomotiven konnte man jedoch noch lange nicht verzichten. Am 17. Mai 1937 führte die 17 1142 (preuß. S 10^1) vom Bw Anhalter Bahnhof einen D-Zug durch Neubabelsberg in Richtung Berlin. Slg. Wolfgang R. Reimann (2)

Slg. GC (2)

Hier beginnt die Stadtbahn: Blick von der Brücke im Verlauf der Paulsborner Straße in nördliche Richtung zum Bahnhof Halensee, dessen Empfangsgebäude hinter dem Lichtmast zu sehen ist. Gegenüber der gut belegte Güterbahnhof an der Friedrichsruher Straße. Gleich nach den Ausfahrsignalen quert die Kurfürstendamm-Brücke die Gleise und – nochmals eine Brücke weiter – fährt ein aus Richtung Charlottenburg kommender, von einer 03 geführter Schnellzug nach Westen. Den optischen Abschluss der Pragher-Aufnahme von 1939 bildet der Funkturm beim Messegelände. Einige Jahre zuvor „schmückte" sich Hitler auf einer Postkarte noch mit dem Porträt des Reichspräsidenten Paul von Hindenburg (1847–1934). Dabei übersieht man fast den schönen Bahnpoststempel „Berlin – Stralsund" vom 10. März 1934. Paul von Hindenburg starb im August desselben Jahres.

Slg. GG (3)

Oben: Vom Hochbahnhof Gleisdreieck aus entstand dieses Foto mit Blick nach Norden. Rechts steht das Dienstgebäude der Reichsbahndirektion Berlin am Tempelhofer Ufer, daneben die sich zur Untergrundbahn senkende Hochbahnstrecke zum Potsdamer Platz. In der Bildmitte verlaufen (mit Stromschiene) die Gleise der elektrifizierten Anhalter Vorortbahn vom Potsdamer Ring- und Vorortbahnhof nach Lichterfelde Ost. Auf dem linken Gleispaar mit den Arbeitern verläuft die Südringstrecke zur Spitzkehre am Potsdamer Ringbahnhof. Im Hintergrund erkennt man den Wasserturm und die Hallen des Potsdamer Fernbahnhofs sowie des Wannseebahnhofs. Ganz links die Schuppen/Ladegleise des Potsdamer Güterbahnhofs, davor Oberlicht-D-Zugwagen preußischer Bauart.

Links unten und rechts: Blick von der Monumentenbrücke, die Kreuzberg mit Schöneberg verbindet. Vom Anhalter Bahnhof kommend, beförderte die 01 017 am Vormittag des 19. Mai 1938 einen D-Zug in Richtung Süden. Am linken Bildrand ist der ehemalige Reinigungsschuppen für elektrische Versuchszüge zu sehen, den man nun für die Salonwagen der Reichsregierung nutzte. Gleich daneben der S-Bahnhof Yorckstraße. Rechts sieht man das Stellwerk *Agb* und eine rangierende 74er und ganz hinten den Anhalter. Wenige Schritte weiter rechts entstand – fast als Panoramabild – am selben Tag das Foto mit der 38 2003 vom Bw Jüterbog mit einem Personenzug ins südliche Brandenburg bzw. den Fläming.

Johann (Hans) Culemeyer, um 1930 Reichsbahn-Oberbaurat im Zentralamt Berlin für Maschinenbau, entwickelte 1931 den nach ihm benannten Straßenroller. Am 27. April 1933 stellte er auf dem Anhalter Güterbahnhof sein „Fahrbares Anschlussgleis" mit einem starken, 2,6 t schweren Express-Schlepper Kaelble Z4 der Öffentlichkeit vor. Das gewerbliche Schutzrecht für seine Erfindung (Patent) wurde am 9. November 1933 erteilt. Es entstanden verschiedene Bauarten von Straßenrollern für die Beförderung von Güterwagen und Schwerlasten auf der Straße. Zum Rangieren des Straßenfahrzeugs am Überladegleis verwendete man Seilzüge, die von den Zugmaschinen über feste Umlenkrollen oder Poller gezogen wurden. Bis in die achtziger Jahre gehörten Transporte mit dem „Culemeyer" zum Betriebsalltag im Güterverkehr der Bahn.

Mit dem von einem „Ehrengeleit" begleiteten „Culemeyer" transportierte man im Februar 1936 auch die anlässlich der Olympischen Spiele gegossene Olympia-Glocke durch Berlin. Eingesetzt war eine 10,2 t schweren Kaelble-Zugmaschine des Typs Z6 R/1.

KARTEN OHNE KONTROLL-ABSCHNITT SIND UNGÜLTIG
Beim Verlassen des Ausstellungsgeländes verliert die Karte ihre Gültigkeit

EINTRITTS KARTE

№ 105493

berechtigt zum einmaligen Eintritt in die

AUSSTELLUNG BERLIN 1936
„DEUTSCHLAND"
18. JULI – 16. AUGUST
AUSSTELLUNGSHALLEN AM KAISERDAMM

Täglich geöffnet von 9 – 20 Uhr. Zur Auffahrt auf den Funkturm hat diese Karte keine Gültigkeit. Sie ist auf Verlangen vorzuzeigen.
Bitte Rückseite beachten!

Eintrittspreis RM. 1,50

Winter Garten

Das führende
VARIETE
Heute Abend 8 Uhr 15
Sensationelle Höchstleistungen
Viel zum Lachen!

Direkt am Bahnhof Friedrichstraße

Slg. Stefan Ponzlet

Slg. Dr. Brian Rampp (4)

Die bisher wohl schwerste Bewährungsprobe hatte der Straßenroller zu bestehen, als im Juli 1936 die Wiesbadener Schnellzuglok 03 256 zum Messegelände am Funkturm transportiert wurde (oben im Anschlussgleis beim Bahnhof Heerstraße). Dort fand vom 18. Juli bis zum 16. August 1936 – also vor bzw. während der Olympischen Sommerspiele – die Ausstellung „Deutschland" statt. Die Beförderung erfolgte mit einer Kaelble-Zugmaschine Z6 R/2.

Der Bahnhof Reichssportfeld während der Olympiade am Nachmittag des 10. August 1936, hier mit sieben S-Bahn-Zügen. Anstelle des Empfangsgebäudes hatte man eine offene Empfangshalle errichtet, in der die Besucherströme besser abgefertigt werden konnten. Hinten die neue Fußgängerbrücke mit Ausgang zur Trakehner Allee. Die S-Bahn-Züge trafen im Zweiminutenabstand ein. So konnten stündlich bis zu 50.000 Menschen befördert werden.

Der U-Bahnhof Stadion wurde im Juni 1913 eröffnet. Die damalige Hochbahngesellschaft (ab 1928 BVG) bediente ihn jedoch meist nur anlässlich von Sonderveranstaltungen wie Pferderennen usw. Regelmäßigen Betrieb gab es ab 1922, als der Bahnhof Neu-Westend zwischen den Stationen Stadion und Reichskanzlerplatz eröffnet wurde. Im Hinblick auf die Olympischen Sommerspiele 1936 entstand ein völlig neuer U-Bahnhof, der den Namen „Reichssportfeld“ erhielt (heute „Olympia-Stadion“). U- und S-Bahn bewältigten während der Spiele gemeinsam einen Großteil des Verkehrsaufkommens zum Olympiastadion.

Slg. GG (3)

Bereits ab Herbst 1935 warben viele Eisenbahnfahrzeuge für die Olympischen Spiele 1936. Allerdings hätten die Ringe auf den Tendern genügt wie z. B. bei der 17 1140 vom Bw Berlin Lehrter Bf mit dem D 102. Aber die Nationalsozialisten nutzten jede Gelegenheit zur propagandistischen Selbstdarstellung. Das Foto stammt aus der Sammlung des unvergessenen Lokführers und Buchautors Gerhard Moll.

Hoch her ging es auch am Brandenburger Tor, aber natürlich nicht nur wie hier während der Olympischen Sommerspiele im August 1936. Rechts: ein Stelldichein flotter Cabriolets auf der Westseite. Unten: die reichbeflaggte Ostseite mit einer Motorradstaffel des Nationalsozialistischen Kraftfahrkorps (NSKK) vor dem Ministerium des Innern und (ganz links) der Französischen Botschaft.

Slg. GG

Dr. Paul Wolff & Tritschler (2)

Mit dem 1933 zwischen Berlin und Hamburg eröffneten und dann kontinuierlich erweiterten Schnellverkehrsnetz wurde in Deutschland eine Epoche eingeleitet, die weltweit größte Beachtung fand. Am 9. März 1936 verlässt ein SVT 137 der Bauart „Hamburg" als „Fliegender Hamburger" den Lehrter Bahnhof und passiert soeben die Brücke im Verlauf der Invalidenstraße. Willy Pragher fotografierte unter der Stadtbahnbrücke bzw. dem Lehrter Stadtbahnhof.

Slg. Wolfgang R. Reimann

Links: Die hervorragende Resonanz auf den SVT-Verkehr veranlasste die Reichsbahn zum Bau weiterer Fahrzeuge. Der SVT 137 Bauart „Berlin" wurde von MAN/BBC konstruiert und befand sich am 4. September 1938 in Berlin auf Probefahrt. Seinen Planeinsatz verhinderte jedoch der Ausbruch des Zweiten Weltkriegs.

Rechte Seite unten: Im März 1938 befand sich im Stadtbereich Berlins eine SVT-Doppeleinheit auf der Fahrt nach Beuthen (Oberschlesien).

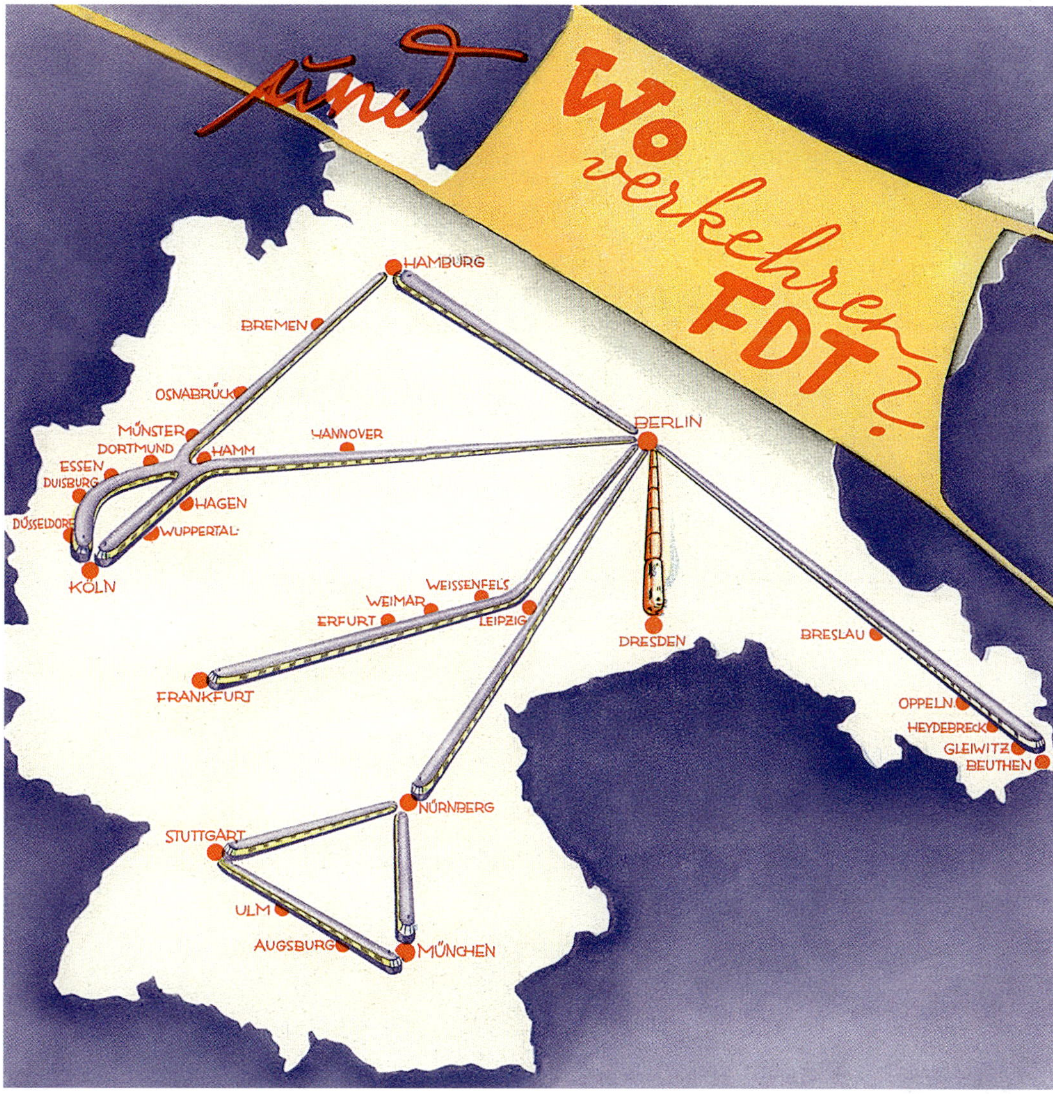

Slg. Volkhard Stern

Slg. GG (2)

Slg. Wolfgang R. Reimann

Die SVT-Verbindungen von 1937 (rechts) wurden bis 1938/39 durch neue ergänzt. Aus einem Gegenzug heraus fotografierte Heinz Meyer 1938 die Begegnung mit einem SVT 137 (Bauart „Hamburg") im Zuglauf des FDt 33/34 Berlin-Anhalter Bf – Halle – Erfurt – Frankfurt (M) – Mannheim – Basel DRB (Bad Bf). 1939 betrug dessen Reisezeit achteinhalb Stunden bei einer Reisegeschwindigkeit von beachtlichen 103,4 km/h.

So sah der Fahrdienstleiter vom Stellwerk *Abf* das Betriebsgeschehen im Anhalter Bahnhof. Am 2. Mai 1938 fuhr eine als „Fliegender Münchner" und „Fliegender Stuttgarter" verkehrende SVT-Doppelgarnitur auf Gleis 7 ein, während links eine Einheits-Rangierlok der Baureihe 89 einen Personenzug bereitstellte. Slg. GG

SVT-Fahrplan: Slg. Volkhard Stern

Sommer 1937

Berlin-Beuthen (Oberschles) und zurück

19.44	ab	Berlin Zoo	an	10.13
19.56	ab	Berlin Friedrichstraße	an	10.03
20.06	ab	Berlin Schlesischer Bahnhof	an	9.54
22.46	an	Breslau Hbf	ab	7.09
22.49	ab	Breslau Hbf	an	7.06
23.28	an	Oppeln	ab	6.26
23.29	ab	Oppeln	an	6.25
23.50	an	Heydebreck (Oberschles)	ab	6.04
23.51	ab	Heydebreck (Oberschles)	an	6.03
0.14	an	Gleiwitz	ab	5.40
0.15	ab	Gleiwitz	an	5.39
0.31	an	Beuthen (Oberschles)	ab	5.24

Berlin-Dresden und zurück

(Henschel-Wegmann-Stromlinien-Dampfzug)

Berlin Anh Bf	ab	13.09	22.08
Dresden-Neustadt	an	14.48	23.45
Dresden Hbf	an	14.55	23.52
Dresden Hbf	ab	9.30	16.22
Dresden-Neustadt	ab	9.37	16.28
Berlin Anh Bf	an	11.12	18.07

Köln-Altona und zurück

7.00	ab	Köln Hbf	an	0.23
7.26	ab	Düsseldorf Hbf	an	23.57
7.45	ab	Duisburg Hbf	an	23.42
8.00	ab	Essen Hbf	an	23.25
8.23	ab	Dortmund Hbf	an	23.02
8.40	an	Hamm (Westf)	ab	22.45
7.20	ab	Köln Hbf	an	0.04
7.52	ab	Wuppertal	an	23.34
8.10	ab	Hagen Hbf	an	23.15
8.40	an	Hamm (Westf)	ab	22.45
8.42	ab	Hamm (Westf)	an	22.43
9.03	an	Münster (Westf)	ab	22.22
9.04	ab	Münster (Westf)	an	22.21
9.31	an	Osnabrück Hbf	ab	21.54
9.32	ab	Osnabrück Hbf	an	21.53
10.33	an	Bremen Hbf	ab	20.50
10.34	ab	Bremen Hbf	an	20.49
11.33	an	Hamburg Hbf	ab	19.51
11.47	an	Altona Hbf	ab	19.36

Berlin-Frankfurt (M) und zurück

18.24	ab	Berlin Anh Bf	an	11.46
19.41	an	Leipzig Hbf	ab	10.30
19.45	ab	Leipzig Hbf	an	10.28
20.12	an	Weißenfels	ab	—
20.13	ab	Weißenfels	an	—
—	ab	Weimar	ab	9.28
20.58	an	Erfurt Hbf	ab	9.13
21.00	ab	Erfurt Hbf	an	9.11
23.26	an	Frankfurt (M) Hbf	ab	6.41

Berlin-Nürnberg {Stuttgart / München} u. zurück

16.40	ab	Berlin Anh Bf	an	13.21
18.06	an	Leipzig Hbf	ab	12.04
18.09	ab	Leipzig Hbf	an	12.02
21.43	an	Nürnberg Hbf	ab	8.29
21.50	ab	Nürnberg Hbf	an	8.21
23.58	an	Stuttgart Hbf	ab	6.09
21.47	ab	Nürnberg Hbf	ab	8.23
23.38	an	München Hbf	ab	6.35

Stuttgart-München und zurück

16.10	20.32	ab	Stuttgart Hbf	an	9.28	14.30
17.13	21.33	an	Ulm	ab	8.26	13.27
17.14	21.34	ab	Ulm	an	8.26	13.26
18.03	22.23	an	Augsburg Hbf	ab	7.37	12.37
18.04	22.24	ab	Augsburg Hbf	an	7.36	12.36
18.43	23.03	an	München Hbf	ab	7.00	12.00

Köln-Berlin und zurück

7.00	ab	Köln Hbf	an	0.17
7.26	ab	Düsseldorf Hbf	an	23.50
7.45	ab	Duisburg Hbf	an	—
8.00	ab	Essen Hbf	an	23.20
8.23	ab	Dortmund Hbf	an	22.57
8.40	an	Hamm (Westf)	ab	22.40
7.20	ab	Köln Hbf	an	0.04
7.52	ab	Wuppertal	an	23.34
8.10	ab	Hagen Hbf.	an	23.15
8.40	an	Hamm (Westf.)	ab	22.45
8.44	ab	Hamm (Westf.)	an	22.39
10.05	an	Hannover Hbf	ab	21.19
10.07	ab	Hannover Hbf	an	21.17
12.09	an	Berlin Zoo	ab	19.22
12.20	an	Berlin Friedrichstraße	ab	19.11

Berlin-Hamburg/Altona und zurück

Verkehrt nur Werktags

W 11.00	ab	Berlin Lehrter Bf	an	W 17.35
13.17	an	Hamburg Hbf	ab	15.18
13.23	ab	Hamburg Hbf	an	15.11
13.26	an	Hamburg Dammtor	ab	15.07
W 13.37	an	Altona Hbf	ab	W 14.58

Die FDt führen die 2. Klasse, der FDt Berlin-Beuthen (Oberschles) und der Stromlinien-Dampfzug Berlin-Dresden 2. und 3. Klasse. Wichtige Fahrpreisermäßigungen, die auch bei Benutzung der FDt-Züge eingeräumt werden, sind: Die Fahrpreisermäßigung für Ausländer, die Ermäßigung mit Netz- und Bezirkskarten und die Ermäßigung für Reisende mit Ostpreußen-Rückfahrkarten.

Slg. GG

Blick in südliche Richtung aus dem Stellwerk *Abf* des Anhalter Bahnhofs. Am 2. Mai 1938 hatte die 03 198 vom Bw Berlin-Grunewald einen D-Zug aus München auf seinem letzten Abschnitt nach Berlin befördert und setzte nun um ins Bw Anhalter Bf (oder fuhr ins Bw Grunewald). Rechts stehen weitere Loks der Baureihe 03 vor dem Lokschuppen 1. Im Vordergrund die Brücke über den Landwehrkanal.

Oben: Am 22. September 1938 feierte man das Jubiläum „100 Jahre Berlin – Potsdam“. Im Mittelpunkt der Festlichkeiten stand der Potsdamer Bahnhof, von wo aus Sonderzüge nach Potsdam verkehrten. Gemeinsam erreichten ein S-Bahn-Zug der Baureihe ET 165 und der nachgebaute Adlerzug Potsdam Hbf, aufgenommen in Höhe der Nuthebrücke.

1936 musste Heinz Meyer, der Fotograf zahlreicher Bilder dieses Buches, zum Reichsarbeitsdienst (RAD) einrücken und wurde von seiner Mutter verabschiedet. Glücklicherweise lag seine RAD-Dienststelle in der Umgebung Berlins und sogar noch im Bereich der S-Bahn. Dem sechs Monate langen RAD-Einsatz folgte der Wehrdienst in der Wehrmacht, der ab 1936 auf zwei Jahre festgelegt wurde.

Slg. Wolfgang R. Reimann (3)

Slg. Wolfgang R. Reimann

Slg. GG (3)

Schön, dass Fotografen damals den Alltag dokumentierten und Menschen in den Vordergrund stellten, wie z. B. Willy Pragher am 19. Mai 1938 den Aufsichtsbeamten, der einem Personenzug nach Leipzig den Abfahrauftrag erteilt oder der Rangierer auf einer Einheits-Rangierlok der Baureihe 89. Zur selben Zeit verabschiedete Heinz Meyer seine Eltern in den Urlaub (oben).

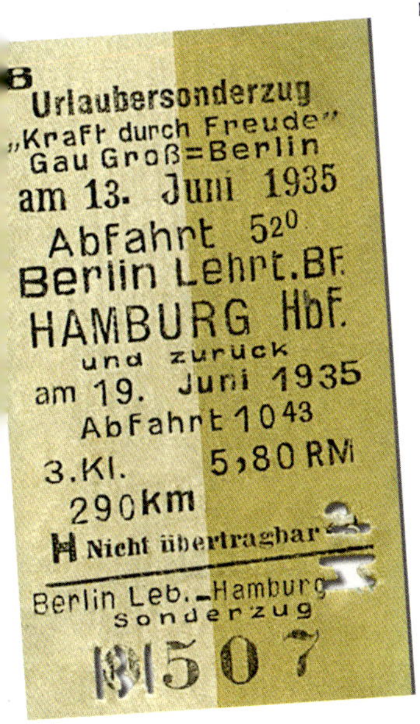
Urlaubersonderzug
„Kraft durch Freude"
Gau Groß=Berlin
am 13. Juni 1935
Abfahrt 5[20]
Berlin Lehrt. Bf.
HAMBURG Hbf.
und zurück
am 19. Juni 1935
Abfahrt 10[43]
3. Kl. 5,80 RM
290 km
H Nicht übertragbar
Berlin Leb. – Hamburg
Sonderzug
18507

Leute, die sich bisher keine Urlaubsreise leisten konnten, erhielten durch die im November 1933 gegründete NS-Organisation „Kraft durch Freude" (KdF) die Möglichkeit dazu. Der eigentliche Hintergrund war jedoch, die Freizeit der deutschen Bevölkerung zukünftig im Sinne der NS zu gestalten, zu überwachen und gleichzuschalten. Dieses Kalkül bemerkten die Menschen natürlich nicht. Vielmehr waren sie froh, dass sie nun endlich zwei bis drei Wochen bezahlten Urlaub erhielten, um mit den Kindern vielleicht sogar einige Tage im Schwarzwald, im Riesengebirge oder an der Ostsee zu verbringen.

Slg. GG

Von der Monumentenbrücke aus fotografierte Willy Pragher im August 1939 die Bereitstellung des Führerzuges, hier auf den Abstellglei-

sen des Anhalter Bahnhofs. Die 55 3514 (preuß. G 8^1) fungiert als Heizlok. Hinten rechts die Müllverladeanlage in der Monumentenstraße.

Am regnerischen 20. April 1938 begegneten sich im Bahnhof Alexanderplatz die 17 1141 vom Bw Anhalter Bf und eine 38^{10-40} (P 8) mit Fernzügen. Die Tenderaufschriften beider Loks bezogen sich jedoch nicht auf Hitlers Geburtstag, sondern auf die Scheinwahl zum Reichstag vom 10. April 1938, bei der es nur eine nationalsozialistische Einheitsliste gab und deren Ergebnis (99,1 %) selbstverständlich schon vorher feststand. Umgeben ist dieser Stadtbahnabschnitt von mächtigen Gebäuden: links das Polizeipräsidium, rechts das Land- und Amtsgericht (mit Turm) und ganz rechts eines der bei Mitarbeitern und Kunden überaus geschätzten Berliner Wertheim-Kaufhäuser. Nach 1933 von den Nationalsozialisten übel diffamiert, wurde das bedeutende Unternehmen als „rein jüdisch" eingestuft und 1937 enteignet.

Slg. GG (2)

Mit den großen Wagenrennen fanden auch die Weltmeisterschaftsläufe für Motorräder statt, hier der Start in der AVUS-Nordkurve 1938.

Slg. Wolfgang R. Reimann (2)

Dr. Paul Wolff & Tritschler

Eine Jahrhunderte alte Geschichte hat der Berliner Weihnachtsmarkt aufzuweisen, der seit 1934 wieder traditionell im Lustgarten abgehalten wurde. Dort entstand am 14. Dezember 1936 die Aufnahme vor dem Berliner Dom.

Im Sommer 1939 patrouillierten Soldaten der SS vor der Neuen Reichskanzlei in der Voßstraße.

Auf dem von Backsteinhäusern im holländischen Stil gesäumten Bassinplatz im benachbarten Potsdam fand am 31. März 1937 der Wochenmarkt statt. Meilenweit entfernt scheint hier die verlogene Politik Hitlers zu sein, der sich nach außen als großer Friedensstifter ausgab. Er zerstörte jedoch das Leben und Schaffen von zigmillionen Menschen.

Slg. Wolfgang R. Reimann

Slg. Dr. Brian Rampp

Die Nord-Süd-S-Bahn war ein für das Berliner Verkehrssystem besonders wichtiges Projekt. Durch die Innenstadt bzw. beim Brandenburger Tor führte man sie durch eine Tunnelstrecke. Während des Baus verlegte man die Straßenbahnlinien in den benachbarten Tiergarten. Tw 5977 und 5833 (oben) am 31. Oktober 1936 auf den provisorisch verlegten Gleisen. Kurze Nord-Süd-S-Bahn-Abschnitte wurden zur Olympiade 1936 eröffnet.

Im Streckenbereich vor dem Brandenburger Tor gab es erhebliche Verzögerungen infolge von Planungsänderungen, vor allem aber durch den Baugrubeneinsturz am 20. August 1935, der wahrscheinlich auf schwierige geologische Verhältnisse zurückzuführen war. 19 Arbeiter konnten nur noch tot geborgen werden. An den Rettungsmaßnahmen waren u. a. Soldaten der fünf Monate zuvor gegründeten Wehrmacht beteiligt.

Rechts oben: Im Spätsommer 1939 war die Baugrube am Potsdamer Platz weitgehend verfüllt.

Rechts: Der S-Bahnhof unter dem Anhalter Fernbahnhof wurde am 9. Oktober 1939 mit einem girlandengeschmückten ET 167 als Eröffnungszug in Betrieb genommen. Inzwischen hatte Hitler den Zweiten Weltkrieg ausgelöst …

Slg. Wolfgang R. Reimann

Slg. Dr. Brian Rampp

Krieg und Nachkriegszeit

Reichspräsident Paul von Hindenburg …

… ernannte am 30. Januar 1933 Adolf Hitler zum Reichskanzler, nachdem dieser mit dem Zentrum und der Deutschnationalen Volkspartei (DNVP) eine Koalition hatte bilden können (die NSDAP hatte 37 % erhalten). Durch die Einbindung der Rechten hoffte von Hindenburg, die politische Situation beruhigen zu können. Diese legal zustande gekommene Koalition beseitigte Hitler jedoch innerhalb weniger Monate u. a. durch Notverordnungen, Organisations- und Parteiverbote, vor allem aber durch das Ermächtigungsgesetz vom 24. März 1933. Hitler verwendete es nicht dazu, die Weimarer Republik wieder handlungsfähiger zu machen, sondern um sie abzuschaffen! Systematisch beseitigte er den Rechtsstaat und ebenso systematisch ließ er politische Gegner beseitigen oder in die neu geschaffenen Konzentrationslager einweisen. Kaum jemand in Deutschland konnte sich zu dieser Zeit vorstellen, dass sich eine Regierung von Verbrechern gebildet hatte, die die traditionelle Einstellung der Menschen zu Staat und Kirche für ihr sogenanntes „Ordnung schaffen“ missbrauchten.

Die „Weimarer Republik“, die mit verantwortungsvollen Politikern – u. a. Reichsminister Walter Rathenau, Reichskanzler Gustav Stresemann oder Reichspräsident Friedrich Ebert – unter schwierigsten Bedingungen begann und in der sich ab 1927/28 Wirtschaft und Demokratie gerade stabilisiert hatten, konnte leider nicht bewahrt werden. Hauptursache waren der „Schwarze Freitag“ (25. Oktober 1929) und die folgende, jahrelange Weltwirtschaftskrise. Für Deutschland hatte diese nicht nur verheerende wirtschaftliche Folgen, sondern auch politische. Die Industrieproduktion betrug 1932 nur noch rund 57 % des Standes von 1928. Im selben Jahr hatten rund 44 % der erwerbsfähigen Bevölkerung keine Arbeit. Dies war – weltweit – der höchste Prozentsatz an Arbeitslosen. Etwa 65 % der gesamten öffentlichen Ausgaben mussten für Arbeitslosengeld und Sozialhilfe aufgewendet werden, die jedoch kaum zum Überleben reichte.

In ihrer Verzweiflung griffen viele Menschen nach dem vermeintlich rettenden Strohhalm, den ihnen Hitler entgegenstreckte. Aus den jahrelangen Machtkämpfen zwischen Kommunisten und Nationalsozialisten, in denen erstere lange Zeit als die Stärkeren galten, gingen die Nationalsozialisten im Januar schließlich als Sieger hervor. Zunächst waren die Menschen der Meinung, dass deren „außerordentliche Maßnahmen“ erforderlich seien, um in Deutschland Ruhe und Ordnung als Basis für ein normales Leben und Auskommen wieder herzustellen. Es gab nur sehr wenige, die Hitlers wahre Absichten durchschauten …

Die Zustimmung für seine Politik in Teilen der Bevölkerung erreichte Hitler durch reale, aber auch scheinbare Erfolge, die, wenn erforderlich, von der Propaganda „ins rechte Licht“ gerückt wurden. Eine gewisse innenpolitische Konsolidierung kam sowohl durch die schrittweise Beseitigung der Massenarbeitslosigkeit zustande, als auch dadurch, dass es für den „normalen“ Bürger wieder ein zwar meist nicht hohes, aber geregeltes Einkommen einschließlich bezahltem Urlaub gab, erstmals Kindergeld, keine Steuererhöhungen usw. Dem standen jedoch die rigoros durchgeführte Beschneidung der Rechte für Juden (aber auch für nicht konforme deutsche Bürger) und schließlich die furchtbaren Verbrechen gegenüber, vor allem an völlig unschuldigen Menschen anderen Glaubens und Denkens, obwohl von diesen niemand jemals den Staat und seine Ordnung in Frage gestellt hatte! Aber: Hitler wusste auch, dass er, selbst bei seinen Anhängern, keinen Rückhalt für einen neuen Krieg hatte. Doch dessen ungeachtet führte seine Politik in den Zweiten Weltkrieg. So stehen die Jahre 1939 bis 1945 für den Abschnitt in der deutschen Geschichte, mit dem sich unauslöschlich die Worte Annektion, Überfall, Blitzkrieg, Verbrechen und KZ, aber auch Tapferkeit und schließlich Flucht und Vertreibung verbinden.

Nun hatte Hitler „seinen“ Krieg. Und als wäre dies nicht schon schlimm genug gewesen, setzte sich das furchtbare, millionenfache Morden nun auch in eroberten oder überfallenen Ländern fort. Aber infolge seiner dilletantischen und menschenverachtenden Kriegsführung schlug 1943/44 das Pendel zurück in eine Richtung, die er und seine Gefolgsleute so nicht vorgesehen hatten. Und – leider – misslang nach etwa 40 geplanten oder verübten Attentaten auf Hitler zwischen 1933 und 1944 auch das bekannteste am 20. Juli 1944, das mit der Hinrichtung der verantwortungsbewussten Männer um Oberst Graf Schenk von Stauffenberg endete.

Die Folgen des Zweiten Weltkriegs waren – an dieser Stelle nur für Berlin – furchtbar: Bei weit über 300 Luftangriffen der US- und britischen Luftstreitkräfte wurden 45.517 Tonnen Bomben abgeworfen. Sein Cannae erlitt Berlin im April 1945. Mit den Trümmern hätte man einen Damm bis Dortmund aufschütten können. Nach Kriegsende in Sektoren aufgegliedert, im Westteil 1948/49 durch die Blockade abgeschnitten und ab dem 13. August 1961 jahrzehntelang durch Mauer und Todesstreifen geteilt, wurde Berlin nach der Wiedervereinigung Deutschlands 1990 erneut deutsche Hauptstadt und entwickelte sich danach wieder zu einem der bedeutendsten Zentren europäischer Kultur, Wirtschaft und Politik.

Vossische Zeitung

Berlinische Zeitung von Staats- und gelehrten Sachen / Gegründet 1704

Berlin

10 Pf. · Nr 565

FREITAG, 25. NOVEMBER 1932

MORGEN-AUSGABE

Hindenburgs Entscheidung: Keine Hitler-Diktatur

Hitler-Kabinett gescheitert – Präsidial-Vollmachten versagt

Zum Trommler geboren

Zwischenspiel mit Kaas

Schade, dass die „Vossische Zeitung“ am 25. November 1932 nicht recht behielt! Denn nach den Reichstagswahlen zwei Monate später gelang es Hitler, eine Koalition zu bilden. Die „Vossische Zeitung“ blieb auch danach ihrer kritischen Einstellung gegenüber dem Nationalsozialismus treu, musste deswegen jedoch ihr Erscheinen 1934 einstellen.

Slg. GG

Ergänzend zu ihren bereits bestehenden bzw. im Ausbau befindlichen Verbindungen mit Schnelltriebwagen beabsichtigte die Reichsbahn, auf Hauptbahnen ein Netz schnellfahrender D- und FD-Züge mit leistungsstarken Dampflokomotiven einzurichten. Der dafür errechnete Bedarf lag bei 400 Lokomotiven, deren Leistungsprogramm (Dauerleistung) die Beförderung von 550-t-Zügen mit 120 km/h auf ebener Strecke und – ausgestattet mit Stromlinienverkleidungen zur Verringerung des Fahrwiderstandes – eine Höchstgeschwindigkeit von 150 km/h vorsah. Die neu entwickelte Lokomotive stellte eine dreizylindrige Weiterentwicklung der Baureihe 01 dar und wurde als 01^{10} bezeichnet. Gekuppelt waren sie mit fünfachsigen Tendern der Bauart 2'3 T 38, in denen 38 m^3 Wasser und 10 t Kohle mitgeführt werden konnte. Bei Messfahrten ermittelte man, dass die 01^{10} alle geforderten konstruktiven Forderungen übertrafen. Aber nur die 01 1001 schaffte es, noch vor dem Zweiten Weltkrieg in Dienst gestellt zu werden (Abnahme: 29. August 1939). Und kriegsbedingt wurden bis September 1940 nur 55 Loks geliefert, alle von der Berliner Maschinenbau-AG vormals L. Schwartzkopff. Die hier abgebildete 01 1064 bespannte im Sommer 1940 den D 240 Berlin Anhalter Bf – München zwischen Berlin und Saalfeld (294 km). Völlig ungerechtfertigt ist die heute von geschichtlich weniger gut orientierten Leuten aufgestellte Bezeichnung „Naziloks", denn die den Erkenntnissen der Zeit entsprechende Stromlinie verwendeten damals weltweit fast alle großen Bahnverwaltungen sowie die Autoindustrie.

Mit dieser Aufnahme verbindet sich eine nette Anekdote: 1978 befand sich der Autor auf einer nächtlichen Bahnfahrt nach Schlesien. Aber die schlechten Gleise in der DDR ließen auch gute Schläfer nicht recht zur Ruhe kommen. Frühmorgens um 4.30 Uhr stand ich auf und ging zum Ende des Wagens, der den Schluss des Zuges bildete. Dort stand bereits ein älterer Herr, mit dem ich ins Gespräch kam. *„Ich fahre in meine alte Heimat"*, meinte er zu mir. Er sei aus Lauban, habe in Breslau das Gymnasium besucht und sei später zur Reichsbahn gegangen. *„Die 01 173 ist eine der guten Loks gewesen, auf der ich als Lokführer gerne gefahren bin – aber leider habe ich kein Foto von ihr"*. Doch glücklicherweise hatte ich welche aus Kölner und Hofer Tagen in den sechziger Jahren. Als Dankeschön gab mir Dipl.-Ing. Gerhard Kernchen (nach 1945 in Hamburg, dann in Bremen zuhause) das Negativ der 01 1064, auf der er an diesem Tag als Lokführer fuhr.

Slg. Dr. Brian Rampp

Anlässlich der WHW-Sammelaktion 1939/40 passierte die 89 7449 (preuß. T 3 „6143 Berlin", Linke-Hofmann Breslau, 1903) auf einem Culemeyer-Straßenroller das Brandenburger Tor. Ende der dreißiger Jahre gab es in der RBD Berlin nur noch wenige dieser robusten kleinen Loks, die durch den Ausbruch des Zweiten Weltkriegs noch jahrelang im Einsatzbestand blieben. Die 89 7449 war damals im Bw Gesundbrunnen stationiert.

Hilfsaktionen und Spendensammlungen gab es bereits in den zwanziger Jahren. 1933 begann die NSDAP mit der organisatorischen Vorbereitung für die Sammelaktionen, die systematisch unter dem Namen „Winterhilfswerk des Deutschen Volkes" oder kurz „Winterhilfswerk" (WHW) durchgeführt wurden. Unbestritten ist, dass zumindest ein Teil der gesammelten Geld- und Sachspenden bedürftigen Bevölkerungskreisen zugute kam. Unbestritten ist auch, dass viele Menschen gerne halfen. Fragwürdig wurde die Sache jedoch, als die Arbeitgeber in den Winterhalbjahren Einkommensanteile von ihren Mitarbeitern einbehalten und auf das Konto des WHW überweisen mussten. Und wer nicht „freiwillig" spendete, hatte sogar mit Repressalien zu rechnen. Selbstverständlich ging aus den offiziellen Rechenschaftsberichten des WHW auch nicht hervor, dass Propagandaminister Dr. Josef Goebbels über die Spendengelder verfügte und Mittel abzweigte. So war absolut nie zu erfahren, für wen oder was die vielen Millionen Reichsmark tatsächlich Verwendung fanden – sicher u. a. dafür, die chronisch angespannte Finanzlage des Dritten Reiches infolge von Hitlers Geldverschwendung aufzubessern (z. B. für riesige Aufmärsche/Parteitage, Aufrüstung/Kriegsvorbereitung, Bauprojekte/Reichskanzlei, Schaffung eines autarken Deutschlands usw.).

Rechte Seite: Sie umgibt bis heute ein einzigartiger Nimbus und für die Fachwelt wie auch für Eisenbahnfreunde stellt sie die bemerkenswerteste Lokomotive der Reichsbahn dar: die im Sommer 1941 von Henschel in Kassel gelieferte 19 1001 (Fabrik-Nr. 25000). Auffallend an der mit einer Stromlinienverkleidung ausgestatteten Schnellzuglok waren die kleinen Durchmesser der vier Treibradsätze, die nicht wie üblich durch Stangen miteinander gekuppelt waren, sondern jeweils einzeln durch einen Dampfmotor angetrieben wurden. Am 8. Juli 1941 gelangte sie zum Lokomotiv-Versuchsamt (LVA) Berlin-Grunewald. Bis Oktober 1942 führte man rund 50 Messfahrten jeweils mit drei Messwagen durch. Anlässlich von Bremsversuchen beschleunigte die Lok auf über 180 km/h, kurzzeitig wurden auch 186 km/h erreicht. Aber Messfahrten wie in Friedenszeiten waren inmitten des Zweiten Weltkriegs nicht mehr möglich. Ab 1943 im Plandienst, erlitt die 19 1001 bei einem Luftangriff auf Hamburg im Oktober 1944 Bombenschäden, worauf man sie abstellte. Nach Kriegsende im Auftrag der US-Army instand gesetzt, wurde die Lok 1945 in die USA transportiert und dort 1952 verschrottet. Ich versuchte mir immer vorzustellen, welche Entwicklung der Lokomotivbau genommen hätte, wenn die 19 1001 mit ihrer innovativen Technik weiterentwickelt worden wäre.

ENERGIE

Technische Fachzeitschrift

Berlin

Heft 10 · 20. Jahrgang · Oktober 1941

Im Juni dieses Jahres wurde diese 25000. Lokomotive der Henschel und Sohn G. m. b. H., Kassel, die erste Schnellzug-Dampflokomotive mit Einzel-Achsantrieb an die Deutsche Reichsbahn übergeben.

Die Maschine entwickelt eine Leistung von 2000 PS und Fahrgeschwindigkeiten bis 175 km/h. Der Antrieb erfolgt durch vier 2-Zylinder-Dampfmotoren in V-Form, die auf je eine Treibachse wirken. Das Stangentriebwerk konnte bei dieser Maschine erstmalig in Fortfall kommen. Die Jubiläums-Lokomotive läßt bei hohen Fahrgeschwindigkeiten erhebliche fahrtechnische und betriebliche Vorteile erwarten. Die Maschine wurde auf Anregung der Lübeck-Büchener Eisenbahn-Gesellschaft von den Henschel-Ingenieuren Dr. Roosen und Dr. Barske entwickelt.

Slg. Stefan Ponzlet

50 1304
Anstrich 4.41
H. Schwarz
Haftpfl b 20.4.43
M 10
Unt
Haftpfl b

Dr. Paul Wolff & Tritschler (2)

Um den Güterverkehr zu beschleunigen und zu modernisieren, entstanden in den dreißiger Jahren moderne Einheits-Güterzuglokomotiven der Baureihen 41, 43, 44, und 45. Aber es fehlte eine vielseitig einsetzbare Güterzuglok im Leistungsprogramm wie die preußischen Länderbahn-Baureihen bzw. Gattungen 55^{25} (G 8^{1}) und 57^{10-35} (G 10). Als im April 1939 die ersten Lokomotiven der Baureihe 50 die Henschel-Werkshallen verließen, zeichnete es sich natürlich noch nicht ab, dass man von dieser über 3.000 in Dienst stellen würde.

Im Frühjahr 1941 erhielt das Fotostudio Dr. Paul Wolff & Tritschler – damals eines der führenden deutschen Unternehmen, das für Opel und andere Großkonzerne die gesamte Werbung herstellte – von der Reichsbahn den Auftrag, den Bau von Dampfloks zu dokumentieren. Bei der Berliner Maschinenbau AG (BMAG, vormals L. Schwartzkopff) entstanden über 400 Leica-Fotografien, die alle von Alfred Tritschler aufgenommen wurden. Im April 1941 unternahm die 50 1304 (Fabr.-Nr. 11598) mit der 50 1310 (Fabr.-Nr. 11604) die erste Fahrt auf dem Normalspurgleis im BMAG-Werksgelände (linke Seite und oben). Weitere Gleise waren den verschiedensten Spurweiten vorbehalten.

Hören Sie die Geräuschkulisse in den BMAG-Werkshallen, liebe Leserinnen und Leser? Das Hämmern, Schrauben und Verschieben von Maschinenteilen? Alles passte 100-prozentig zusammen – ohne Computer berechnet – sei es der Rahmen einer Lok der Baureihe 50 (oben), der zum Einbau der Führerhaus- und Pumpenträger vorbereitet wird, oder der einbaufertige, bereits mit Aschkasten ausgestattete Kessel der 50 1310 (unten) Fabr.-Nr.

11604, den man soeben per Kran zu seinem Fahrgestell transportiert. Was für den Laien verwirrend aussieht, hat System und jeder der hier schwer arbeitenden Männer ist hochqualifiziert. Das Foto oben zeigt im Vordergrund ein Krauss-Helmholtz-Gestell, dessen Vorlaufradsatz einen Laufkreisdurchmesser von 850 mm aufweist. Es verhindert in der Geraden einseitiges Anlaufen des führenden Radsatzes. Unten dieselben Loks von vorne.

Dr. Paul Wolff & Tritschler (4)

Dr. Paul Wolff & Tritschler (3)

Die 50 1306 während der Endmontage im April 1941. Auf der linken Seite wird die fast fertige Lok auf die Radsätze gesetzt. Ganz vorne das komplett zusammengebaute Krauss-Helmholtz-Gestell. Oben die Montage der tonnenschweren Triebwerksteile. Die BMAG baute selbstverständlich auch Tender für ihre Lokomotiven. Unten wird der Rahmen eines 2'2' T26 verschweißt. Tender dieser Bauart wurden für die Baureihen 23 und 50 entwickelt, waren aber auch mit anderen Einheitsloks kuppelbar. Bereits bei der Konstruktion berücksichtigte man den Gesamtachsstand, so dass die 50er mit ihren 2'2' T26-Tendern gerade noch auf den vielen 20-m-Drehscheiben kleiner Bahnbetriebswerke gedreht werden konnten.

Dr. Paul Wolff & Tritschler (3)

Über ihre noch im Aufbau befindlichen Schwesterlokomotiven hinweg schwebt die 50 1306 (Fabrik-Nummer 11600/1941) am Kran durch die riesige BMAG-Montagehalle, um zum Probeheizen vorbereitet zu werden. Aus Sicherheitsgründen hatte man Schieber und Kolben noch nicht eingebaut. Die Lackierung der Lok erfolgte erst vor der Ablieferung an die Reichsbahn Ende April 1941.

Linke Seite: 1941 herrschte auch in der BMAG-Ausbildungswerkstätte von früh bis spät Hochbetrieb. Lehrlinge betätigten sich u. a. beim Bau eines funktionsfähigen Lokmodells, das bis ins Kleinste dem großen Vorbild entsprach. In einem namhaften Unternehmen ausgebildet zu werden war die beste Voraussetzung für eine Berufskarriere „von der Pike auf". Facharbeitermangel? Dies war einst ein Fremdwort. In ihm spiegeln sich heute die kurzsichtige, manchmal chaotische Schul- bzw. Bildungspolitik der Bundesländer und ihre Versäumnisse wider, jungen Menschen attraktive Berufsbilder mit Perspektiven zu vermitteln. Qualifizierte Fachkräfte bildeten in Deutschland von jeher die Basis für eine funktionierende Wirtschaft in allen Bereichen. Und wer weiterkommen wollte, hatte mit einer soliden Schul- und Berufsausbildung bzw. Abschlüssen beste Voraussetzungen dafür und gleichzeitig einen unschlagbaren Vorteil: Er konnte mit Berufserfahrung punkten. Außerdem: Noch in den sechziger Jahren konnten einige Fachschulen nur mit einem fachbezogenen Berufsabschluss besucht werden. Auch ich ging diesen Weg und würde ihn nochmals gehen bis hin zum Computer von heute, der einen Riesenfortschritt darstellt und aus unserem Berufsleben und Alltag nicht mehr wegzudenken ist. Aber was macht z. B. ein Maschinenbauer, wenn ihm der Stromstecker herausgezogen wird? Ist er noch in der Lage, ohne Computer manuell eine Maschine zu konstruieren bzw. zu bauen wie die Männer auf diesen Seiten? Wichtig wäre es, denn sollen wir tatsächlich unser über Generationen erarbeitetes Wissen, Können und alle Erfahrung dem Computer überlassen? Dies zu beurteilen, überlasse ich gerne Ihnen, liebe Leserinnen und Leser.

Die nagelneue 50 1305 (Fabrik-Nummer 11599/1941) in der BMAG-Anheizhalle. Gleichzeitig überprüft das Personal verschiedene Funktionen der Lok. Unten und rechte Seite: Am 22. April 1941 fährt die 50 1303 (Fabrik-Nummer 11597) die ersten Meter auf dem BMAG-Werkshof in Wildau am südöstlichen Stadtrand von Berlin. Hinten rechts ist die Station Wildau der Berlin – Görlitzer Bahn (Blickrichtung Berlin) zu sehen. Bereits seit fast zwei Jahren tobte der Zweite Weltkrieg, und auf den Tag zwei Monate später gab Hitler den Befehl zum Angriff auf die Sowjetunion.

Dr. Paul Wolff & Tritschler (3)

Slg. Stefan Ponzlet (2)

Infolge des eisenbahntechnischen und militärischen Fiaskos an der Ostfront im Winter 1941/42 räumte Hermann Göring als Beauftragter des Vierjahresplanes dem Lokomotivbau absoluten Vorrang ein. Am 12. September 1942 stellten die Borsig-Lokomotivwerke in Hennigsdorf u. a. den Ministern Speer und Dorpmüller die 52 001 (Fabrik-Nr. 15446/1942) als erste Kriegslok vor, die aus der friedensmäßig entwickelten Baureihe 50 entstanden war. Bei der 52er war es gelungen, aus begrenzten Stahlkontingenten eine größere Zahl von Loks zu fertigen. In fast allen Lokfabriken wurde sofort mit der 52er-Produktion begonnen – bis 1945 entstanden über 6.700 Exemplare. Nicht nur für Eisenbahnfreunde interessant ist der teils überraschend kritische Beitrag auf der rechten Seite.

Technische Fachzeitschrift

für Maschinenbau, Metallbearbeitung, Elektrotechnik, Krafterzeugung und Rationalisierung

ENERGIE

Herausgegeben von der Deutschen Arbeitsfront
unter Mitwirkung des „Amtes für technische Wissenschaften" im Hauptamt für Technik der NSDAP., des Fachamtes „Energie — Verkehr — Verwaltung" und des „Amtes für Berufserziehung und Betriebsführung" in der Deutschen Arbeitsfront
Hauptschriftleiter: Oberingenieur **Walter Lehmann VDI,**
Leiter der Abteilung technisches Schrifttum im „Amt für technische Wissenschaften" des Hauptamtes für Technik der NSDAP.
Verlag der Deutschen Arbeitsfront GmbH., Berlin C 2, Märkischer Platz 1

Die Kriegslokomotive — eine hervorragende Leistung der deutschen Lokomotivkonstrukteure

Durch Vereinfachung der Konstruktion und Verbesserung der Fertigung konnten in fünf Monaten 1 141 932 Arbeitsstunden eingespart werden. Das ist der Aufwand für 61 neue Kriegslokomotiven

Die Kriegslokomotive entpricht der Forderung nach größter Einfacheit bei erhöhter Betriebssicherheit und ist so durchgebildet, daß sie in hoher Stückzahl mit geringstem Aufwand an Material und Arbeitszeit unter größtmöglicher Heranziehung von Fremdwerken herzustellen ist. Sie ist in der gegenwärtigen Ausführung frostsicher.

Diejenigen, die sich mit der Dampflokomotive eingehender beschäftigt haben, die die Entstehung der verschiedenen Konstruktionen, die aber auch die sehr stark eingedämmte Konstruktions- und Bewegungsfreiheit der Lokomotivkonstrukteure kannten, haben wohl schwerlich damit gerechnet, daß innerhalb weniger Monate der Aufbau der Lokomotiven, vor allen Dingen aber ihre Herstellung ganz wesentliche Änderungen mit dem Zweck der Material- und Arbeitszeiteinsparung erfahren konnten. Es ist klar, daß bei den ungeheuren Entfernungen, die die Reichsbahn im Verlauf der Kriegsjahre zu bewältigen hatte, an das rollende Material und besonders an den Lokomotivpark Ansprüche gestellt werden, die die Herstellung nach den alten eingelaufenen Methoden nicht mehr zulassen. Die Lokomotivindustrie war — das haben wir in der „Energie" oft genug betont — in ihrer Entwicklungsfähigkeit durch die Auftraggeber außerordentlich behindert. Zielbewußte Entwicklungsaufträge, wie z. B. bei der Luftfahrt oder auch im Kraftverkehrswesen, wurden nicht rechtzeitig erteilt, so daß sich bei der Ausweitung des Krieges dieses Versäumnis stark bemerkbar machte. Während nun die verschiedenen Maßnahmen, z. B. der Leichtbau, die rationelle Fertigung, die Fließfabrikation, der Austausch von Sparstoffen usw. in anderen Zweigen ziemlich schnell durchgeführt werden konnten, verhielten sich die Auftraggeber für Lokomotiven hier lange Zeit sehr zurückhaltend. Es bedurfte erst eines besonderen Auftrages an den „Hauptausschuß Schienenfahrzeuge beim Reichsministerium für Bewaffnung und Munition", um auch hier, allerdings in kürzester Zeit und mit größter Gründlichkeit, das Versäumte nachzuholen.

Die Persönlichkeit des Leiters*) des Hauptauschusses Schienenfahrzeuge bürgt dafür, daß der vom Führer erteilte Auftrag mit einer Gründlichkeit, Schnelligkeit und Zuverlässigkeit durchgeführt wird, die man sonst bei derartig großen und umfangreichen Aufgaben noch nicht gewohnt war. In engster Zusammenarbeit aller an dieser Aufgabe beteiligten industriellen Unternehmungen ist es ihm nach verhältnismäßig kurzer Zeit gelungen, die Voraussetzung für die geforderte Produktionsleistung zu schaffen.

Daß unser Lokomotiv- und Wagenpark nach 3 Jahren Krieg den ansteigenden Transportleistungen nicht immer gewachsen war, ist kein Geheimnis mehr, und daß hier etwas unternommen werden mußte, lag für die Eingeweihten in der Luft.

Die Kriegslokomotive, eine Güterzuglokomotive (Baureihe 52), ist eine vereinfachte Lokomotivbauart, die als einzige in sehr großer Zahl von allen großdeutschen Lokomotivfabriken unter der Führung des Hauptausschusses Schienenfahrzeuge beim Reichsministerium für Bewaffnung und Munition gebaut wird.

Selbst Fachleute werden überrascht sein, welche Einparungen und welche Leistungssteigerungen in der Fertigung der Hauptausschuß Schienenfahrzeuge schon nach wenigen Monaten seiner Tätigkeit erreichen konnte. Es ist zu erwarten, daß – wie in übrigen Betrieben – auch im Lokomotivbau das „betriebliche Vorschlagwesen" noch manchen Vorteil im Aufbau und in der Bedienung bringen wird. Die an dem rollenden Material vorgenommenen Einsparungen stellen an das Bedienungs- und Wartungspersonal keine erhöhten Ansprüche und erfordern auch kein Umlernen; ein Umstand, auf den besonders hingewiesen werden muß.

Anläßlich der Fertigstellung der ersten Kriegslokomotive der Baureihe 52 (Borsig Lokomotivwerke) **wurde eine fahrbare Ausstellung aufgebaut**, die bei einigen Schienenfahrzeugen und deren Einzelteilen Beispiele für die frühere und jetzige Bauweise sowie die erzielten Material- und Lohnersparnisse zeigt. Der Weg, den der Hauptausschuß Schienenfahrzeuge im Sinne der grundsätzlichen Richtlinien des Reichsministeriums für Bewaffnung und Munition durch bauliche und fertigungstechnische Vereinfachungen und Leistungssteigerung beschritten hat, wird hier an praktischen Beispielen mit einer Deutlichkeit gezeigt, die die Frage immer wieder aufkommen läßt, weshalb kommt man erst jetzt auch im Lokomotivbau zu solchen Ergebnissen?!

Die Ausstellung zeigt, wie bei der Kriegslokomotive durch Wegfall nicht unbedingt notwendiger Einrichtungen, z. B. des 2. Sandkastens, des 2. Dampfdoms (Speisedoms), des Vorwärmers, der Speisepumpe, der Läuteglocke usw. Vereinfachungen für die Dauer des Krieges vorgenommen werden können, die die Leistungsfähigkeit der Lokomotive nicht herabsetzen, die Herstellung aber doch wesentlich vereinfachen. Zum anderen zeigt diese Ausstellung aber mit einer an einen schweren Vorwurf grenzenden Deutlichkeit, welche ungeheuren Materialmengen und welch ungeheurer Arbeitsaufwand durch freie, vom Bürokratismus unbeschwerte, von Vorurteilen unbelastete, unbeeinflußte ingenieurmäßige Durcharbeitung nach neuesten fertigungstechnischen Richtlinien eingespart werden können. Hierbei war zu bedenken, daß das bisherige Herstellungsprogramm durch die Umstellungen keineswegs verkleinert werden durfte.

*) Direktor **Degenkolb** ist langjähriger Betriebsführer des Duisburger Werkes der DEMAG. Die bei einem früheren Sonderauftrag des Reichsministeriums für Bewaffuung und Munition in zielbewußter Zusammenfassung mehrerer Werke bewiesene Tatkraft gab Dr. Todt Veranlassung, Degenkolb als seinen Beauftragten für Belgien und Nordfrankreich einzusetzen mit der Aufgabe, die in diesem Gebiet vorhandenen Fertigungsmöglichkeiten unmittelbar oder mittelbar der deutschen Rüstung nutzbar zu machen. Die noch von Dr. Todt eingeleitete und seinem Nachfolger, Reichsminister Speer, durchgeführte Einschaltung der deutschen Industrie als selbstverantwortlichen Träger unserer Rüstungsaufgaben gab Degenkolb erneut Gelegenheit, seine hervorragenden Ingenieurfähigkeiten der deutschen Rüstung nutzbar zu machen.

Einschränkungen in allen Lebensbereichen gab es seit Beginn des Zweiten Weltkriegs. Spürbar wurden diese, besonders bei Lebensmitteln, ab 1942 und verstärkt mit Fortdauer des Krieges in den folgenden Jahren. Bestimmte Lebensmittel gab es fast nur noch auf den Lebensmittelkarten, Bohnenkaffee keinen mehr, dafür den aus Malz oder Zichorien hergestellten Ersatzkaffee, der als „Muckefuck“ sogar Berühmtheit erlangte.

Artistenbesuch in Berlin: Am 5. September 1942 begleitete der fließend rumänisch sprechende Willy Pragher die bildhübsche rumänische Tänzerin Maria Mart auf einem Stadtrundgang. Den Briefeinwurf vor dem Potsdamer Bahnhof hatte er so gestellt, um den Göring-Erlass vom Mai 1942 „Räder müssen rollen für den Sieg“ mit aufzunehmen. Nicht gestellt war das Foto vor dem Liniennetzplan der U-Bahn, denn nur mit öffentlichen Verkehrsmitteln war ein Weiterkommen möglich – „bis zum 3. Bahnhof für 15 Pfennig“.

Slg. GG (7)

Auch wenn sie Ihnen bereits bekannt sein sollten, liebe Leserinnen und Leser, möchte ich Ihnen die Pragher-Aufnahmen dieser Seite nicht vorenthalten, denn sie zeigen, wie sehr sich im November 1942 – also rund drei Jahre nach Kriegsbeginn – die Atmosphäre auf den Bahnsteigen des Anhalters geändert hatte. Wegen der Verdunkelungsvorschriften trugen die Lokomotiven – hier die 01 012, 01 105 und 39 111 – abgeblendete Lampen sowie weiß umrandete Pufferbohlen. Längst beherrschten „Schnellzüge mit Wehrmachtsteil" (DmW), „Schnellzüge für Fronturlauber" (SF) sowie „Schnellzüge für Fronturlauber mit Reisezugteil" (SFR) die ausgedünnten Fahrpläne. Selbst der Uniformmantel des Aufsichtsbeamten ist militärisch-korrekt geschnitten.

Der Militärfahrschein vom 5. November 1940 brachte den Soldaten/Reisenden von Berlin über Küstrin nach Wilkersdorf-Zorndorf an der Strecke Küstrin – Soldin. Beide Orte liegen im Landkreis Königsberg (Neumark), im 1945 abgetrennten östlichen Teil Brandenburgs.

Slg. GG

In Berlin wurden Posttransporte mit Straßenbahnen ab 1930 eingeschränkt und zum 1. Januar 1935 ganz eingestellt. Aber wie schon im Ersten Weltkrieg musste die Straßenbahn auch im Zweiten Weltkrieg wegen der immer knapper werdenden Treibstoffvorräte Post- und jede Art von Gütertransporten übernehmen, ab 1943 mehr als je zuvor. Die Aufnahme mit dem A 216 entstand 1943 vor dem Schlesischen Bahnhof und seinem benachbarten Postamt.

Slg. Stefan Ponzlet

Bereits um 1900 verschickte man bedürftige sowie gesundheitlich gefährdete Kinder aus industrie- und verkehrsreichen Gebieten zu Erholungsaufenthalten aufs Land. Die Unterbringung war kostenlos. Ab Mai 1933 übernahm die NS-Volkswohlfahrt (NSV) in Funktion eines Staatsorgans die „Kinderlandverschickung“ (KLV). Diese übernahm während des Zweiten Weltkriegs die Evakuierung von Schulkindern sowie von Müttern mit Kleinkindern aus den vom Luftkrieg bedrohten Städten, wie z. B. hier im Anhalter Bahnhof. Viele Eltern mochten die KLV nicht, sie fürchteten eine Entfremdung und Indoktrination durch die Nationalsozialisten.

Slg. Wolfgang R. Reimann

Die Kaiser-Wilhelm-Gedächtniskirche, der Gloria-Palast im Romanischen Haus am Anfang des Kurfürstendamms sowie Tw 3626 mit abgeblendetem Scheinwerfer in der Hardenbergstraße bilden den Hintergrund dieser Privatfotografie vom August 1943. Die Männer befanden sich an der Ostfront. Trotz der inzwischen zahlreichen Luftangriffe dachten die beiden Damen wohl nicht daran, dass es ein Abschiedsbild werden würde, denn Kirche, Gloria-Palast und die gesamte Umgebung versanken drei Monate später, in der Nacht vom 22. zum 23. November 1943, in Schutt und Asche.

Slg. Dr. Brian Rampp

Luftaufnahme der U.S. Army Air Forces (USAAF) von Berlin-Rummelsburg am 9. Mai 1944. Von besonderem Interesse waren wohl der Rangierbahnhof sowie das unweit der Spree gelegene Elektrizitäts- und Heizkraftwerk Klingenberg, das damals als größte und modernste Anlage Europas galt.

Slg. GG, Werbung Slg. Stefan Ponzlet

Im Central-Hotel in der Dorotheenstraße befand sich das berühmte und allseits beliebte Varieté „Wintergarten“, in dem während des Krieges viele Soldaten versuchten, für einige Stunden ihre furchtbaren Erlebnisse zu vergessen. Aber der Luftkrieg hatte längst auch Berlin erreicht, und so fand an diesem Januarabend 1944 die „Vorstellung“ im dortigen Luftschutzkeller statt.

Slg. Dr. Brian Rampp (3)

Mit Übernahme des Bomber-Commands durch Marshal Arthur Harris im Februar 1942 wurden die britischen Luftangriffe auf Ziele in Deutschland schrittweise ausgeweitet, zunächst hauptsächlich nachts. Ab 1943 griffen auch die U.S. Army Air Forces (USAAF) in den Luftkrieg ein und bezeichneten die Angriffe auf Berlin als „War Theatre Berlin, Germany“ (Kriegsschauplatz Berlin). Mit automatischen Kameras dokumentierten die USAAF 1944/45 die Bombardierung deutscher Städte, Verkehrs- und Industrieanlagen. In Sekunden eingefangen wurde die Fotografie voller Tragik (links oben) bei einem Luftangiff auf Berlin im September 1944: Eine Boeing B-17 Flying Fortress („Fliegende Festung“) unterflog versehentlich eine B-17, die bereits Bomben ausgeklingt hatte, wurde getroffen und stürzte Augenblicke später ab. Keinem der zehn Besatzungsmitglieder gelang es, sich mit dem Fallschirm zu retten. Weitere Aufnahmen entstanden am 28. Februar 1945 (links) sowie am 1. Februar 1945 (oben). Im Zentrum des Geschehens sind u. a. der Anhalter und Potsdamer Bahnhof zu erkennen, die bereits deutliche Schäden aufweisen. Die Folgen für die Bevölkerung und Infrastruktur nach 310 Luftangriffen auf die Stadt, darunter 40 schwere sowie 29 Großangriffe, und über 40.000 t Bomben waren katastrophal. Doch wie zuvor in Großbritannien konnte auch in Deutschland die Kampfmoral der Menschen nicht entscheidend gebrochen werden – aber: Leistung, Tapferkeit, Verzicht und Glauben der Deutschen wurden für eine verbrecherische Regierung verschwendet, die diese Haltung nicht wert war.

Slg. GG

Die im Zweiten Weltkrieg fast vollständig zerstörte Tauenzienstraße/Ecke Passauer Straße im Januar 1944 in unmittelbarer Nachbarschaft des Wittenbergplatzes und des KaDeWe (Kaufhaus des Westens). Das berühmte, hier nicht zu sehende Kaufhaus war ebenfalls eine Ruine, denn am 23. November 1943 war ein US-Kampfflugzeug in das Dachgeschoss gestürzt und hatte einen Großbrand verursacht.

Eisenbahnstiftung

Wie bei den anderen Berliner Fernbahnhöfen bestand im März 1945 auch die Bahnsteighalle des Potsdamer Bahnhofs nur noch aus einem hohlen Gerippe. Und doch deutete bei dieser fast friedlich wirkenden Szene mit der rangierenden 74 543 vom Bw Lehrter Bf nichts auf die inzwischen täglichen Luftangriffe hin und darauf, dass die Westalliierten den Rhein überquerten und dass Ostpreußen, Pommern sowie Schlesien bereits fast vollständig von der Roten Armee besetzt waren und diese nur noch 60 km entfernt an der Oder in Küstrin stand.

DEUTSCHES KURSBUCH

Gesamtausgabe der Reichsbahn-Kursbücher

Jahresfahrplan 1944/45

Gültig vom 3. Juli 1944 an bis auf weiteres

DEUTSCHE REICHSBAHN

KURSBUCHBÜRO

DER GENERALBETRIEBSLEITUNG OST BERLIN

PREIS: 2.50 RM.

Eisenbahnstiftung (2)

Trotz des seit Kriegsbeginn eingeschränkten und ab Juli 1944 „den Erfordernissen des totalen Kriegseinsatzes“ angepassten Fernverkehrs nutzten auch Zivilreisende diese Züge, sofern sie die dafür erforderlichen Reisegenehmigungen bekamen. Seit 1943 war in Kursbüchern u. a. vermerkt „*Reisende haben während der Kriegszeit keinen Anspruch auf Beförderung*“. Militär- und kriegswichtige Transporte hatten absoluten Vorrang. Infolge der im Januar 1945 zusammenbrechenden Fronten wurde am 21. Januar der Schnellzugverkehr eingestellt, aber Reisezüge verkehrten (vorerst) weiterhin. Auf den Bahnsteigen des Stettiner Bahnhofs (ganz oben) und des Lehrter Bahnhofs mischen sich im März 1945 Soldaten mit zivilen Reisenden – ein gewohntes Bild seit Kriegsbeginn. Und doch ist es die Ruhe vor dem Sturm, der wenige Wochen später über Berlin hereinbrechen wird. Jeder spürt es, außer den total Bornierten, die noch immer an die große Wende glaubten. Auch die viele Jahre lang im Bw Neustrelitz (RBD Stettin) stationierte 38 1506 überstand das Jahr 1945 nicht: Sie verunglückte zwischen Altentreptow und Neubrandenburg. Am Bahnsteig stehen sogenannte Kauen, in denen die einzelnen Dienststellen der zerstörten Bahnhöfe, z. B. Aufsichtsbeamte, Fahrkartenausgaben, Gepäckabfertigungen usw. untergebracht waren.

Slg. Dr. Brian Rampp (oben), Eisenbahnstiftung

Eisenbahnstiftung

Linke Seite oben: Die Ruine der Neuen Reichskanzlei mit dem Palais Borsig an der Ecke Voßstraße/Wilhelmstraße 1945 sowie ein zerschossener Opel Kadett. Der gesamte Gebäudekomplex wurde bis 1953 auf Befehl der Sowjetischen Militäradministration abgetragen.

Im März 1945 beförderte die Kriegslok 52 2563 (links) einen gemischten Güterzug durch Berlin-Steglitz, an den auch mehrere leere Reisezugwagen angehängt waren. Interessant ist der dreiachsige preußische Abteilwagen mit weißem Streifen hinter der Lok, der für Traglasten verwendet wurde. Auf dem Schuppengleis wartete die 74 1279 vom Bw Berlin-Potsdamer Gbf die Vorbeifahrt des Zuges ab. Die 52 2563 kam nach Kriegsende als Beutelok in die Sowjetunion. Auf dem Ferngleis aus Potsdam kommend, passierte am selben Tag im März 1945 eine Lok der Baureihe 01 (oben) mit einem beachtlichen Reisezug Berlin-Steglitz stadteinwärts in Richtung Potsdamer Bahnhof. Alle Gebäude waren beschädigt, auch das schlossähnliche Postamt Bergstraße. Unterdessen wurde das durch Bombentreffer zerstörte Stellwerk *Szg* (Steglitz Güterbahnhof) wieder aufgebaut. Bis in die letzten Kriegstage gelang es der Reichsbahn – mit Eisenbahnern und Zwangsarbeitern – immer wieder, Strecken und Bahnhofsgleise in und um Berlin instand zu setzen und den Betrieb aufrechtzuerhalten. Als Mitarbeiter des Verkehrsministeriums hatte Walter Hollnagel die Akkreditierung zum Fotografieren trotz des sonst strengen Fotografierverbotes.

Slg. Wolfgang R. Reimann

Der „größte Feldherr aller Zeiten" im Anhalter Bahnhof. Die von Generalfeldmarschall Keitel 1940 geprägte Formulierung übernahmen die Landser ab 1943 in Kurz- bzw. Spottform als „Gröfaz", nachdem Hitlers strategische Fehlentscheidungen und dilettantischen Eingriffe in die Kriegsführung offensichtlich geworden waren und zu furchtbaren Niederlagen führten. 1944 war von Hitler in der Öffentlichkeit kaum mehr etwas zu sehen und zu hören, außer in Wochenschauen und einigen Rundfunkansprachen, besonders nach dem – leider – gescheiterten Attentat am 20. Juli 1944 durch Claus Schenk Graf von Stauffenberg und den verantwortungsbewussten Männern und Frauen des Widerstandes. Im Januar 1945 zog er sich in den Bunker der Neuen Reichskanzlei zurück, wo er am 29. April Eva Braun heiratete und mit ihr am 30. April 1945 Selbstmord beging.

Berlin
danach

Slg. Dr. Brian Rampp, Slg. GG (unten)

Abgesehen von Erzählungen oder Aufzeichnungen der Menschen sind Fotografien die aussagekräftigsten Zeugen und schonungslose Dokumente. Sie geben Aufschluss über Geschehenes, zeigen Elend, spiegeln auch Angst und Hoffnungslosigkeit in Gesichtsausdrücken wider. Was sie jedoch nicht oder nur ungenügend zeigen können, sind Hunger und Krankheiten. Als die überlebenden Berliner nach vielen Monaten fast ununterbrochener Luftangriffe und schwerster Straßenkämpfe während der Schlacht um Berlin (Ende April/Anfang Mai 1945) aus den Luftschutzbunkern ans Tageslicht kamen, bot ihre Stadt ein Bild größter Verwüstung. Von den 1,5 Millionen Wohnungen der Vorkriegszeit konnten nur noch 370.000 genutzt werden. Berge von Leichen und Tierkadavern lagen in den Straßen und unter Trümmern. Tausende von Menschen kamen alleine in überfluteten U- und S-Bahn-Schächten ums Leben, deren Sprengung Hitler seiner SS befohlen hatte. Schließlich beförderte er sich am 30. April 1945 selbst per Kugel aus der Welt, in der er mitleidlos Millionen völlig

Der Alemanne
KAMPFBLATT DER NATIONALSOZIALISTEN OBERBADENS
Die größte täglich erscheinende Zeitung Oberbadens
Der amtliche Verkünder für die oberbadischen Behörden
Jahrgang 1945 Folge 92 | Freiburg i. Br. | den 18. April | Mittwoch-Ausgabe

Dieser Augenblick wird die Wende dieses Krieges entscheiden

Asiens Ansturm muß vor Berlin zerbrechen

Die Massen unseres jüdisch-bolschewistischen Todfeindes zum letzten Angriff angetreten - Wer jetzt seine Pflicht nicht erfüllt, verrät sein Volk - Jeder Verräter wird umgelegt - Tagesbefehl des Führers an die Ostfront

Der Alemanne
KAMPFBLATT DER NATIONALSOZIALISTEN OBERBADENS
Die größte täglich erscheinende Zeitung Oberbadens
Der amtliche Verkünder für die oberbadischen Behörden
Jahrgang 1945 / Folge 94 | Freiburg i. Br. | den 20. April | Freitag-Ausgabe

Mit dem Führer durch die letzte Prüfung

Der Krieg hat seinen Höhepunkt bereits überschritten - Nur mit dem Deutschland Adolf Hitlers kann die Welt zu neuer Ordnung zurückfinden - Reichsminister Dr. Goebbels sprach zum Geburtstag des Führers

Slg. Dr. Brian Rampp

Die Berliner Friedrichstraße am 4. Mai 1945 nach der Schlacht um Berlin (16. April bis 2. Mai 1945). Sie forderte – einschließlich des Kessels von Halbe und der Seelower Höhen – das Leben von rund 170.000 Soldaten (davon über 92.000 deutsche) und 500.000 Verwundete sowie den Tod von mehreren zehntausend Zivilisten. Die Aufnahme links oben zeigt u. a. zwei abgeschossene 8-t-Zugmaschinen Sd.Kfz.7 von Krauss-Maffei (eine überpanzert) vor dem Admirals-Palast, dem traditionsreichen Veranstaltungsort, und rechts den Bahnhof Friedrichstraße. Erste Aufräumarbeiten (oben) werden von russischen Soldaten beobachtet. Die beiden Zeitungen stammen zwar aus Freiburg, beschreiben aber unmittelbare Ereignisse in Berlin. Die Beiträge von Hitler und Goebbels sind an Verlogenheit kaum zu überbieten: Die Ausgabe vom 18. April 1945 befasst sich mit der gerade begonnenen Schlacht, die Ausgabe vom 20. April mit Hitlers (letztem) Geburtstag. Zu diesem hatten sich die ganzen braunen Maulhelden nochmals kurz eingefunden, faselten sich etwas über den „Endsieg" zurecht und verließen Berlin danach fluchtartig, bevor die Stadt endgültig eingeschlossen war.

unschuldiger Menschen umbringen ließ und die er in eine fast sechs Jahre dauernde Katastrophe unvorstellbaren Ausmaßes geführt hatte: den Zweiten Weltkrieg.

Dass es nach Kriegsende zunächst weder Verkehrsmittel, Strom noch Gas gab, konnte man verschmerzen, aber nun begann in Berlin ein anderer Kampf, nämlich derjenige um Trinkwasser und Essen. Hinzu kam, dass jetzt das eintraf, was viele Soldaten schon vor Jahren angekündigt hatten: *„Gnade uns Gott, wenn wir das heimgezahlt bekommen, was wir im Osten und sonstwo angerichtet haben"*. Von Ostpreußen bis Berlin machten die sowjetischen Truppen von ihrem „Siegerrecht" reichlich Gebrauch und eigneten sich an, genauer gesagt plünderten, was nicht niet- und nagelfest war, von Fahrrädern über Uhren bis hin zu Fotoapparaten. Am schlimmsten war jedoch jenes berüchtigte *„Frau komm …"*, das (nicht nur) die Berlinerinnen fast jeglichen Alters in Angst und Schrecken versetzte.

Aber es gab auch Zeichen der Menschlichkeit: Noch während in Berlin die Kämpfe tobten, ordnete das sowjetische Oberkommando in den bereits eroberten Stadtteilen an, dass die Zivilbevölkerung nach bisherigen Rationierungssätzen versorgt werden müsse, wofür eigene Reservebestände zur Verfügung gestellt wurden. Am 6. Mai trafen über die von sojetischen Pionieren wiederhergestellte Bahnstrecke Küstrin – Strausberg – Berlin ein aus 23 Wagen bestehender Güterzug mit Getreide, ein weiterer aus 25 Wagen mit Lebensmitteln und zwei mit Briketts als erste Hilfe für die Berliner Bevölkerung ein. Generaloberst Bersarin, der sowjetische Stadtkommandant für Berlin, sorgte durch die Androhung drakonischer Strafen schon bald für eine Disziplinierung seiner

Soldaten. Außerdem ordnete er an, dass alle noch einigermaßen intakten Lebensmittelgeschäfte und Bäckereien sofort wieder geöffnet werden sollen. Am 12. Mai 1945, nur vier Tage nach der Kapitulation Deutschlands, wurde Bersarin der neue Berliner Magistrat vorgestellt. Erst jetzt, nach den Kampfhandlungen, konnte das ungeheure Ausmaß der Zerstörungen gesichtet und erfasst werden. Es wurde berechnet, dass alleine in Berlin rund 75 Millionen Kubikmeter Schutt und Trümmer beseitigt werden mussten und dass diese ausreichen würden, um einen 35 Meter breiten und fünf Meter hohen Damm bis ins Ruhrgebiet zu bauen.

Es grenzte fast an ein Wunder, dass bereits am 7. Juni 1945 zwischen Breitenbach- und Thielplatz sowie zwischen Rüdesheimer- und Hohenzollernplatz wieder U-Bahnen fuhren. Am 8. Juni folgte der Abschnitt Krumme Lanke – Thielplatz (seit 2013 „Freie Universität") und am 11. Juni das Teilstück Prinzenstraße – Schlesisches Tor. Nicht weniger fleißig waren die Mitarbeiterinnen und Mitarbeiter der S-Bahn: Bis zum 18. Juni stellten sie den Streckenabschnitt Treptower Park – Papestraße und bis Ende Juli die Abschnitte Papestraße – Wilmersdorf, Ostkreuz – Gesundbrunnen, Grünau – Hermannstraße, Papestraße – Halensee und von dort bis Westend soweit fertig, dass ein zwar unregelmäßiger und teilweise eingleisiger, aber immerhin erster S-Bahn-Betrieb aufgenommen werden konnte. Diese Arbeiten gestalteten sich äußerst schwierig, denn es fehlte besonders an Menschen, Material und Werkzeugen, außerdem mussten zunächst Berge von Trümmern, Munition, Blindgängern sowie Leichen und Tierkadaver beseitigt werden. Sehr viel Zeit nahmen schwerbeschädigte Abschnitte mit Hochbauten in Anspruch wie beispielsweise die U-Bahn-Brücke über den Landwehrkanal, die noch am 2. Mai 1945 durch die Sprengung des darunter liegenden S-Bahn-Tunnels unpassierbar geworden war. Daher konnte der Betrieb zwischen Gleisdreieck und Hallesches Tor erst Ende 1947 wieder aufgenommen werden. Denkmalpflegerische Gesichtspunkte spielten in dieser schweren Zeit keine Rolle, wichtig war zunächst nur, U- und S-Bahn-Strecken wieder nutzbar zu machen.

Dies galt selbstverständlich auch für die Straßenbahn- und Buslinien. Bereits am 16. Mai 1945 verkehrte der erste Omnibus von Weißensee ins Zentrum. In seinem „Befehl Nr. 6" vom 13. Mai 1945 forderte Generaloberst Bersarin die Verantwortlichen der Berliner Verkehrsunternehmen auf, die Straßenbahnlinien (in dieser Reihenfolge) 87, 69, 54, 60, 73, 95, 47, 27, 199, 74, 76 und 21 bis zum 25. Juli 1945 wieder zu eröffnen. Jedoch nicht nur das Gleisnetz hatte durch die vielen Luftangriffe und während der Schlacht um Berlin schwerste Schäden erlitten, sondern vor allem die Oberleitungen. Die Betriebshöfe Treptow, Spandau, Kreuzbergstraße und das Hauptlager Wittnau waren fast vollständig zerstört und nicht einmal ein Viertel der Straßenbahnwagen konnte man noch als einsatzfähig bezeichnen. So ist es auch hier fast ein Wunder, dass am 20. Mai 1945 die Linien 28 Humboldtmühle – Tegelort, Humboldtmühle – Heiligensee und Elsenstraße – Bahnhof Schöneweide den Betrieb aufnehmen konnten. Die Wagenbeschilderung hatte anfangs in Russisch und Deutsch zu erfolgen. Als ab dem 5. Juni 1945 die Sowjetunion, USA, Großbritannien sowie Frankreich gemeinsam die oberste Regierungsgewalt im untergegangenen Deutschen Reich übernahmen und den Alliierten Kontrollrat mit Sitz in Berlin bildeten, kamen auch englische und französische Aufschriften hinzu. Entsprechend den Vereinbarungen der Siegermächte räumten Amerikaner und Briten Westsach-

Wie soll es weitergehen und vor allem wohin? Im Februar 1945 sind diese Menschen (links) aus den deutschen Ostgebieten mit ihrem letzten Hab und Gut im Bahnhof Friedrichstraße angekommen. Die Katastrophe ist unbeschreiblich! Millionen Flüchtende starben an Kälte und Hunger, sie wurden misshandelt, vergewaltigt oder ermordet. Die sowjetischen Soldaten machten keine Unterschiede zwischen Jung und Alt. Sie taten es nun wie zuvor die Deutschen. Vor allem die NS-Einsatzgruppen hatten seit 1941 hinter der Ostfront schlimmste Verbrechen begangen und Hunderttausende ermordet. Die Aufnahme oben entstand im November 1945, als die Berliner Straßen schon weitgehend von Trümmern geräumt waren – aber nun stand der Winter bevor.

Slg. Wolfgang Schumacher/VGB (linke Seite), Slg. Dr. Brian Rampp

sen, Thüringen und Mecklenburg, wohin sie bis zur deutschen Kapitulation am 8. Mai 1945 vorgestoßen waren. Diese Gebiete hatte man der Sowjetzone zugeordnet. Erst jetzt rückten amerikanische sowie britische und Ende Juli 1945 auch französische Truppen in Berlin ein und übernahmen dort jeweils einen Sektor. Gemeinsam mit dem sowjetischen Stadtkommandanten Bersarin bildeten die drei alliierten Oberbefehlshaber in Deutschland – Eisenhower (USA), Schukow (UdSSR), Montgomery (GB) und de Lattre de Tassigny (F) – die „Alliierte Kommandantur", die dem „Alliierten Kontrollrat" unterstand. Die Versorgungslage besserte sich nun zusehends, und der Berliner Schwarzmarkt am Alexanderplatz verlagerte sich nach Ankunft der Westalliierten zum Bahnhof Zoo. Am 16. Juni 1945 starb Generaloberst Bersarin bei einem Verkehrsunfall. Er ist Ehrenbürger Berlins.

Mit großem Pomp – wie ihn vornehmlich Diktatoren lieben – erfolgte die An- und Abreise von Josef Stalin anlässlich der Potsdamer Konferenz vom 17. Juli bis zum 2. August 1945. Auf seinen Befehl mussten für die Fahrt seiner elf Breitspur-Salon- und Schlafwagen (unter ihnen vier Wagen aus dem Hofzug des 1918 ermordeten Zaren Nikolaus II.) die erforderlichen Gleise bis Potsdam auf Breitspur umgenagelt und danach wieder rückgebaut werden. Die Rückumspurung der gesamten, während des Krieges mit dem Vorrücken der Roten Armee auf Breitspur geänderten Strecke Brest – Warschau – Posen – Frankfurt (O) – Berlin Schlesischer Bahnhof auf Normalspur erfolgte bis Ende September 1945. Am 3. Oktober verließ der erste normalspurige D-Zug den Schlesischen Bahnhof in Richtung Osten. Wenige Tage später gab es auch wieder erste zivile Fernzüge. Ab dem 7. Oktober 1945 fuhr im „Interzonen-Reiseverkehr" das Zugpaar FD 111/112, das seinen Weg von Berlin-Charlottenburg über Magdeburg, Marienborn/Helmstedt nach Hannover und zurück nahm. In diesem wurde neben einem

CIWL-Schlafwagen (Berlin – Paris) auch „ein Wagen für deutsche Reisende mit Interzonenpass" mitgeführt. Im Militärreiseverkehr folgten ab dem 18. November 1945 dreimal wöchentlich französische Dienstzüge Berlin – Baden-Baden, ab dem folgenden Tag wöchentlich drei amerikanische zwischen Berlin-Wannsee und Frankfurt (M) Süd und ab dem 17. Dezember 1945 täglich ein britischer Militärreisezug von Berlin-Charlottenburg nach Bad Oeynhausen.

Im Straßenverkehr zwischen Berlin und den Westzonen wurden die Fernverkehrsstraße (Reichsstraße) 5 über Horst/Lauenburg, die Autobahn Berlin – Hannover über Marienborn/Helmstedt, die Autobahn Berlin – Frankfurt (M) über Herleshausen/Wartha sowie die Autobahn Berlin – München über den Grenzübergang Töpen (Bayern) – Juchhöh (Bezirk Karl-Marx-Stadt/Chemnitz) zugelassen. Nach Instandsetzung der zerstörten Saalebrücke (1966) wurde der Übergang Töpen – Juchhöh geschlossen und vom Autobahn-Grenzübergang Rudolphstein/Hirschberg abgelöst. Ein ziviler Reiseverkehr über die jeweiligen Zonengrenzen hinaus war zunächst nicht gestattet. Erst ab Herbst 1946 nahm man zwischen Berlin und Hannover einen Interzonen-Busverkehr auf, dem am 11. März 1948 eine Omnibuslinie Berlin – Leipzig – Hof folgte.

Slg. Dr. Brian Rampp (oben), Günter Meyer

Die Berliner Bevölkerung der Nachkriegszeit bestand, wie überall in Deutschland, hauptsächlich aus Frauen, denn Millionen Männer waren gefallen, vermisst oder befanden sich in Kriegsgefangenschaft. Frauen arbeiteten, schufteten monate- und jahrelang in allen Bereichen, setzten ihre Wohnungen instand, so gut es eben ging, versuchten sich und ihre hungrigen Kinder durchzubringen, halfen beim Aufbau von Betrieben, von Straßenbahn- und Eisenbahnstrecken, bargen als „Trümmerfrauen" Ziegelsteine und bearbeiteten sie, damit sie wiederverwendet werden konnten. Es waren eindeutig die Frauen, die mit ihrem unermüdlichen Fleiß die Grundlage zu dem Deutschland legten, wie wir es heute kennen!

Erhebliche Zerstörungen hinterließ der Zweite Weltkrieg auch an den Berliner Wasserstraßen und Häfen, die einen Schiffsverkehr vorerst unmöglich machten. Von 226 Brücken waren 128 gesprengt sowie zahlreiche beschädigt worden, zudem versperrten alleine im Berliner Stadtgebiet 330 versenkte Schiffe die Fahrwege. Aber auch hier gab es schon wenige Wochen nach Kriegsende einen Neubeginn, als die Berliner Verkehrs-Betriebe (BVG) mit gecharterten Dampfern den Verkehr zwischen der Stößenseebrücke und Kladow (beide im Bezirk Berlin-Spandau) aufnah-

Oben: Die Autobahn Hannover – Berlin war eine der Interzonen-Verbindungen nach Berlin. Die Hinweistafeln ließen rasch erkennen, wo man sich befand.

Vor den Trümmern des Wriezener Bahnhofs (einem Teil des Schlesischen Bahnhofs/Ostbahnhofs) warten Mütter auf zusätzliche Nahrung für ihre Kinder.

Jahrelang gehörten Trümmerbahnen in Berlin und vielen anderen deutschen Städten zum Alltag. Ohne sie und die unermüdlichen „Trümmerfrauen" wäre ein Wiederaufbau nicht möglich gewesen. 1947 setzte man allein in Berlin 145 Trümmerbahnzüge mit 3.700 Loren ein, die teilweise erhebliche Strecken zurückzulegen hatten. Hier überquert ein Zug die weitgehend zerstörte Neue Königstraße, die durch die Bezirke Prenzlauer Berg, Friedrichshain und Mitte verläuft. Nach mehreren Umbenennungen heißt sie heute Otto-Braun-Straße und ist Teil der Bundesstraße 2.

Slg. Dr. Brian Rampp, Günter Meyer (rechts)

men. Als eine Art „S-Bahn-Ersatzverkehr" fuhren ab dem 21. Juni 1945 private Schiffe von der Stößenseebrücke zur Glienicker Brücke. Immerhin beförderte man auf diese Art täglich rund 2.000 Personen. Erfahrungen hatte man bereits damit, denn ab dem 26. Juni 1944 wurden, als kriegsbedingter Ersatz für die einzustellende Buslinie A34 Spandau – Kladow, 16 Personendampfer verschiedener Reedereien angemietet und eine linienmäßige Personenbeförderung auf der Havel von Pichelsdorf (Stößenseebrücke) über Kladow nach Wannsee aufgenommen, wobei die Schiffe im 30-Minuten-Abstand fuhren.

Im Luftverkehr änderte sich nach Kriegsende die Lage völlig. Der am 29. April 1945 von der Roten Armee besetzte Flughafen Tempelhof wurde im Juli 1945 von der US-Army übernommen, der Flughafen Gatow zur selben Zeit von britischen Truppen. Am 30. November 1945 billigte der Alliierte Kontrollrat die Vereinbarung über die Einrichtung einer Luftkontrollzone von Berlin nach Hamburg, Hannover und Frankfurt (M). Die Flugzonen wurden von den Besatzungsmächten gemeinsam kontrolliert, jedoch nur von den westlichen Alliierten genutzt. Dieses Abkommen behielt bis zur Wiedervereinigung Deutschlands 1990 seine Gültigkeit. Bis dahin regelten ausschließlich die Fluggesellschaften der Westmächte den Flugverkehr von und nach Berlin, während die 1955 wieder gegründete „Deutsche Lufthansa" Berlin bis dahin nicht anfliegen durfte.

Herbst 1946: Die erste magere Nachkriegs-Kartoffelernte im Tiergarten wird eingebracht. Im Hintergrund sind das Reichstagsgebäude und das am 11. November 1945 eingeweihte Ehrenmal der Roten Armee zu sehen. Bei der Schlacht um Berlin eingesetzte Geschütze und T34 flankieren den Rotarmisten in der Denkmalsmitte.

Frauen arbeiteten nicht nur während des Krieges in vielen bisher den Männern vorbehaltene Bereichen, sondern auch danach: z. B. bei der Reichs- und Straßenbahn. Sie trösteten ihre Kinder im Luftschutzkeller, erzogen sie, flüchteten mit ihnen, retteten letzte Habseligkeiten, klopften Ziegelsteine und fuhren zum „Hamstern".

Slg. Dr. Brian Rampp (oben), Slg. Wolfgang R. Reimann (rechts)

Links: Bis 1945 liefen im Oberleitungsbus-Betrieb ausschließlich dreiachsige Fahrzeuge, hier der 1211 mit erneuerungsbedürftiger Lackierung im Jahr 1949 in Spandau. In den Nachkriegsjahren wurden nochmals 15 Obusse dieser Bauart (SSW-DB-45/47) bei den Herstellern Daimler/Siemens/Schumann beschafft, danach nur noch zweiachsige. Der Obus-Betrieb im Westen Berlins endete 1965. Slg. GG

Slg. Dr. Brian Rampp

Während der Schlacht um Berlin Ende April 1945 war der Busverkehr vollständig zum Erliegen gekommen. Am 13. Mai 1945 ordnete Stadtkommandant Bersarin zwar den Wiederaufbau des Nahverkehrs an, aber von 730 Bussen (1940) standen noch 18 betriebsbereite zur Verfügung, die zudem wegen Treibstoff- und Reifenmangels nur unregelmäßig fahren konnten. Aber immerhin, ein Anfang war gemacht. Es ist unglaublich, unter welchen Umständen und mit welchen Mitteln die Fahrzeuge fahrtüchtig gemacht wurden. Mit Fenstern aus Pappe und Holzplatten verkehrte dieser Bus im Herbst 1945 auf der Linie 9 und passierte das Brandenburger Tor in Richtung Alexanderplatz.

Slg. Wolfgang R. Reimann

Berlins Nachbarstadt Potsdam, einst Residenzstadt der preußischen Könige mit einzigartigen Schloss- und Parkanlagen, gab es nach dem furchtbaren Luftangriff vom 14. April 1945 nicht mehr. Was wollten die Alliierten angesichts der unmittelbar bevorstehenden deutschen Niederlage hier noch erreichen? Sicher wussten sie es selbst nicht. Zerstört waren auch große Teile der Gleis- und Fahrleitungsanlagen der Potsdamer Straßenbahn, die erst im August 1945 wieder einen Minimalbetrieb aufnehmen konnte, hier auf der Linie 1 (Luftschiffhafen – Plantagenstraße) vor der Ruine des Stadtschlosses. Hinten der Turm der ebenfalls zerstörten Garnisonkirche.

Slg. Dr. Brian Rampp

Gesichter, die „Bände sprechen“: Traumatisiert von endlosen Nächten in Luftschutzkellern, ausgehungert, die Väter gefallen, vermisst oder in Kriegsgefangenschaft, die Mütter, Geschwister und Familien auf der Flucht aus den Ostgebieten oder im Luftkrieg verloren, oftmals vergewaltigt, dies sind hunderttausendfache, ungeklärte, unverarbeitete Schicksale der Kriegskinder, denen nie geholfen worden ist! Wenn das heute geflügelte Wort „traumatisiert“ angebracht ist, dann hier! Erholungsfahrten in die westlichen Zonen konnten meist nur vorübergehend etwas Abhilfe schaffen. Ein herrlicher Spielplatz war der ausgemusterte Dosto, der zwar die Kriegsjahre überstand, nicht jedoch die grundlegende Erneuerung des BVG-Fahrzeugparks. Und …

Slg. Volkhard Stern

… wie ein „Lauffeuer“ verbreitete sich natürlich die Nachricht wenn es hieß: „Der Zirkus kommt! In den Nachkriegsjahren war der Bedarf an etwas Abwechslung größer denn je im vom Überleben geprägten Alltag. Zahlreiche Zirkus-Unternehmen hatten die gerade zurückliegende Zeit nicht überstanden, andere wiederum nahmen schon bald den Spielbetrieb wieder auf, der Zirkus Barlay 1947. In den einzigartigen Aufnahmen vom Zirkus Barlay – hier bei der Verladung im Ostteil Berlins – spiegeln sich diese Jahre ganz besonders wider. Nach der Flucht des Eigentümers Reinhold Kwasnik (Künstlername „Harry Barlay“) nach Westdeutschland (1950) stand das Unternehmen treuhänderisch unter Verwaltung des (sozialistischen) Magistrats von Groß-Berlin (dies ist die Bezeichnung für die Stadtgemeinde Berlin in den Grenzen des 1920 entstandenen Stadtgebietes, das mit einigen Änderungen bis heute besteht).

Zirkus Barlay, Slg. Volkhard Stern (3)

Sehr bescheiden waren auch die Anfänge im Eisenbahnverkehr, denn zu groß und umfangreich waren die Kriegsschäden an Strecken und Fahrzeugen. Dem am 30. Mai 1945 aufgenommenen und vor allem von „Hamsterern" genutzten Minimalbetrieb zwischen Berlin und der Mark Brandenburg folgte am 14. Juli der „Interzonen-Güterverkehr" zwischen der Britischen Besatzungszone und den Westsektoren Berlins, der über Helmstedt/Marienborn abgewickelt wurde. Im August 1945 waren hier täglich bereits zwölf Güterzugpaare unterwegs. Am 10. September legte der Alliierte Kontrollrat die Zahl der Militär- und Versorgungszüge durch die Sowjetische Besatzungszone in die Westsektoren Berlin auf täglich 16 Güterzugpaare fest, davon drei für den Militär- und 13 für den Versorgungsverkehr von Militär und Bevölkerung.

Die Siegermächte schienen sich in ihren Beschlüssen einig zu sein. Aber schon bald knirschte es spürbar im Getriebe der unterschiedlichen Partner. Zwischen der Sowjetunion und den Westmächten offenbarten sich vielschichtige Interessenskonflikte, vor allem unterschiedliche Ansichten in der Auslegung gemeinsamer Vereinbarungen und Rechte. Die Sowjets stellten sich auf den Standpunkt, dass sie in ihrer Besatzungszone die oberste Gewalt

Slg. Dr. Brian Rampp (2)

1946 verkehrten wieder Züge von und zum Anhalter Bahnhof, nachdem das beschädigte Gleisvorfeld ausgebessert und Teile des einsturzgefährdeten Hallendaches abgetragen worden waren. Soeben ist die 38 2480 vom Bw Wittenberg mit einem langen

Personenzug eingefahren. Aber nie mehr wird der selbst als Ruine noch imposante Anhalter seine alte Bedeutung wiedererlangen. Mit der Teilung Deutschlands und Berlins wird die 1949 gegründete Deutsche Demokratische Republik den Berliner Außenring bauen, um die im Westteil der Stadt gelegenen Kopfbahnhöfe umfahren zu können. Dies bedeutete deren Ende. Dem Reichsadler (links) wurden die Klauen abgeschlagen in denen er das Symbol festhielt, unter dem Hitler Deutschland bzw. die Welt in die Katastrophe geführt hatte.

Berlin Alexanderplatz im Bezirk Mitte, einst einer der wichtigsten Verkehrsknotenpunkte der Stadt, im Juli 1945 während der „Potsdamer Konferenz“. Bereits am 23. November 1943 hatten zahlreiche Bomben den Bahnhof getroffen, weitere schwere Schäden erlitt er im Verlauf der Schlacht um Berlin im April/Mai 1945. Sein Wiederaufbau dauerte bis 1951. Dagegen sah der Lehrter Bahnhof zur selben Zeit seinem Ende entgegen. Im Zweiten Weltkrieg schwer beschädigt und danach notdürftig ausgebessert, sah er am 28. August 1951 die letzten Züge. Danach erinnerten nur noch Zugzielanzeiger an seine große Zeit, darunter sogar noch Hinweise auf D-Züge mit Wehrmachtsabteil (DmW) und Schnellzüge für Fronturlauber (SFR). Im Juli 1957 begann man mit dem Abriss des Lehrter Bahnhofs.

Slg. Dr. Brian Rampp, Slg. GG (unten)

ausüben konnten, wie es die Westmächte in ihren Zonen auch taten, und dass demnach Berlin Bestandteil ihrer, der Sowjetischen Besatzungszone sei. Nur solange Berlin Sitz des Alliierten Kontrollrates für ganz Deutschland sei, hätte die gemeinsame Alliierte Kommandantur in Berlin dort für die gemeinsame Kontrolle und Aufsicht zu sorgen. Daher verblieben – auch nach Festlegung der Sektorengrenzen – die gesamten Berliner Anlagen der Deutschen Reichsbahn einschließlich des S-Bahn-Netzes und der Wasserwege unter Verwaltung der sowjetischen Militäradministration, ebenso alle Eisenbahnstrecken, Wasserwege und Fernstraßen zwischen Berlin und den westlichen Besatzungszonen.

Günter Meyer

Bis zum 29. April 1951 verkehrten im kriegsbeschädigten, aber noch betriebsbereiten Görlitzer Bahnhof einige Züge, aber leider nicht mehr nach Hirschberg, ins Riesengebirge oder nach Breslau, woran noch der Zugzielanzeiger und die Fahrkarte erinnern. 1962 begann man mit dem Abbruch des Görlitzer Bahnhofs, wobei vorerst noch ein Gebäudeteil für die Güterabfertigung erhalten blieb.

Slg. GG

Der kriegszerstörte Potsdamer Platz im Sommer 1945 mit den Ruinen des Hotels Fürstenhof (links), des Hauses Vaterland mit seiner runden Kuppel und des etwas im Schatten liegenden Potsdamer Bahnhofs. Inzwischen waren die Trümmer auf den wichtigsten Straßen beseitigt, auch Straßenbahnen verkehrten wieder, deren „Scheiben" überwiegend aus Holzplatten und Pappe bestanden.

Die Kolonnen

Nach Kriegsende beschlagnahmte die Sowjetische Militäradministration (SMAD) Fabriken und Güter verschiedenster Art. Für die Abfuhr dieser Reparationsgüter wurden sogenannte „Lokkolonnen" gebildet, die zehn Jahre lang Güterzüge zwischen der Sowjetischen Besatzungszone/DDR und der Sowjetunion zu befördern hatten. Hinter diesen verbargen sich jedoch nicht nur hunderte Lokomotiven, die oftmals dort verblieben, sondern auch die Schicksale vieler deutscher Eisenbahner.

Es begann mit dem Befehl Nr. 4 vom 6. August 1945, wonach die Eisenbahndirektion Berlin 175 beste Loks der Baureihen 50, 52, 55, 56 und 57 zu stellen hatte. Die Beschriftungen an den Kolonnenloks bestanden aus Ordnungsnummern, RBD- und Bw-Anschriften sowie aus den jeweiligen Kolonnen-Nummern. Für jede Lok hatten eine Lokführer-Brigade (zwei Lokführer, ein Lokheizer) und eine Schaffner-Brigade (Zugführer, Schaffner, Wagenmeister) bereitzustehen. Da alle zweifach vorhanden sein mussten, gehörten zu einer Brigade zwölf Eisenbahner. Die Zusammensetzung änderte sich jedoch immer wieder. Entsprechend des Umfangs der abzutransportierenden Güter mussten am 1. Oktober 1945 bereits 809 Lokomotiven bereitgestellt werden. Die Kolonnen-Lokbestände wechselten ständig, da die UdSSR immer wieder Lokomotiven einbehielt.

Bei nicht fristgerechter Aufstellung drohte den deutschen Dienststellen „Verfahren wegen Sabotage vor einem russischen Militärgericht. Infolge der hohen Kriegsverluste an Eisenbahnfahrzeugen bzw. wegen des hohen Schadlokbestandes wurden die Kolonnen zunächst aus verschiedensten Baureihen zusammengestellt. Die SMAD ordnete jedoch an, dass für die Kolonnen ausschließlich die Baureihen 41, 42, 43, 45, 50, 52, 57 und 58 zu stellen seien. Die Abfuhrstrecken waren:

- Von Küstrin-Kietz nach Bagarationowsk (Preußisch Eylau) und Zelesnodoroznyi (Gerdauen)
- von Frankfurt (Oder) über Terespol oder Czeremcha nach Brest-Litowsk
- von Guben nach Jagodin, Rawa Russkaja, Mostika und Nizankowice sowie
- von Horka/Görlitz über Przemysl nach Lwów (Lemberg)

Auf den polnischen Streckenabschnitten stellte die PKP die Lotsen. Kolonnen-Fahrten dauerten anfangs zwei bis drei Wochen, pendelten sich später aber auf durchschnittlich eine Woche ein. Dabei nahmen die langen Wartezeiten in den in den Grenzbahnhöfen sehr viel Zeit in Anspruch, besonders in Gerdauen (Ostpreußen).

Slg. GG (2)

Die überwiegend schweren Züge beanspruchten die Lokomotiven stark, denn die Reisezüge bestanden meist aus mindestens 14 Wagen, u. a. einem Postwagen, einem Gepäckwagen, zehn Sitzwagen, einem internationalen Wagen und einem Speisewagen. Wegen der Lackierungen von Loks und Wagen nannte man die Züge „Blauer Express". Strenge Anforderungen stellte die SMAD für Schlafwagenzüge nach Brest-Litowsk:

- Vollverglasung aller Fensterrahmen
- Gardinen an den Fenstern
- Schließung der Türfenster der Abteile mit Sperrholz
- Spiegel in allen Toiletten
- Auslegen der Fußböden mit Linoleum
- Teemaschinentische mit Abzugsrohr
- Schränkchen für Teegeschirr
- Wappen der UdSSR und Nummern an allen Wagen
- beleuchtete Wagennummern
- Lautsprecher in jedem Wagen und auf dem Dach

Die Lokkolonne Nr. 1 in Frankfurt (Oder) und Nr. 42 in Berlin-Rummelsburg wurden für den Reiseverkehr gebildet. Der Kolonne 42, Nachfolgerin der Kolonne 1 in

Berlin-Karlshorst, unterstanden zunächst die Kriegsbaureihen 42 und 52, dann Schnellzugloks der Baureihen 01 sowie 03 und ab 1947 nurmehr die 01, der Kolonne in Frankfurt (Oder) nur die 01. Die Zählung aller Kolonnenlokomotiven am 7. August 1946 ergab in den einzelnen Direktionen der Sowjetzone folgende Bestände:

RBD Berlin	181 Loks: 63 im Einsatz, 61 in Bereitschaft, 57 in Reparatur
RBD Cottbus	148 Loks: 27 davon aus fremden Bezirken
RBD Dresden	72 Loks: drei im Einsatz, 27 in Bereitschaft, 42 in Ausbesserung
RBD Erfurt	54 Loks: 13 im Einsatz, 11 in Bereitschaft, 29 in Ausbesserung, eine beim Auswaschen
RBD Greifswald	40 Loks: 19 im Einsatz, 14 in Reserve, zwei kalt, andere beim Auswaschen/Reparatur
RBD Halle	52 Loks: 28 im Einsatz, acht in Reserve, sieben kalt, acht ausbessern, eine warten
RBD Magdeburg	50 Loks: fünf im Einsatz, sieben in Bereitschaft, fünf in Ausbesserung im Bw, 33 in Ausbesserung im RAW Stendal
RBD Schwerin	29 Loks: neun im Einsatz, zehn in Bereitschaft, acht in Ausbesserung sowie zwei nach 18.00 Uhr zugelaufene Lokomotiven

Dies waren insgesamt 551 Lokomotiven, 179 davon befanden sich im Einsatz. Eine weitere Zählung am 14. Oktober 1946 ergab 604 Loks, davon befanden sich 114 im Einsatz und 66 auf der Fahrt nach/von Polen. Erst 1947 gelang es der Reichsbahn Ost, sich einen genauen Überblick über Bestand und Abgang von Kolonnenlokomotiven zu verschaffen. Man stellte fest, dass bis zum 30. Juli 1947 ca. 450 Lokomotiven nicht aus dem Osten zurückgekehrt waren und strich diese (sicher schweren Herzens) aus dem Bestand: 15 Loks der Baureihe 42, sechs der Baureihe 50 und 429 der Baureihe 52.

Nach und nach nahm die Zahl der Kolonnen ab. Am 17. November 1949 gab es noch 14 mit insgesamt 377 Lokomotiven der Baureihen 01, 50 und 52. Obwohl nicht alle benötigt wurden, mussten zahlreiche weiterhin – konserviert abgestellt – vorgehalten werden, so im Juni 1950 z. B. 100 von 376 Kolonnenloks. Zum 1. Juli 1954 wurden die Kolonnen aufgelöst. Für den Transitverkehr in Polen hatte die Reichsbahn der 1949 gegründeten DDR 72 Loks der Baureihe 52 aus dem Kolonnenpark an die PKP abzugeben. Dort wurden sie bis 1955 u. a. vom Bw Poznan (Posen)-Franowo aus eingesetzt. Im März 1955 löste man die Kolonne 42 als letzte auf und übergab alle 20 bis dahin noch eingesetzten Lokomotiven der Baureihe 01 den Heimat-Direktionen.

Fotografien von Lokkolonnen sind wegen des strengen Fotografierverbotes äußerst selten, daher muss immer wieder auf bereits veröffentlichte zurückgegriffen werden. Das RAW Berlin-Tempelhof war u. a. für die Lokomotiven des Bw Berlin-Gesundbrunnen zuständig. Bei der 52 6404 der Kolonne 6 (links oben) war 1947 eine Bedarfsausbesserung (Lo) fällig.

In Tempelhof entstand auch die Aufnahme rechts mit dem Arbeiter beim Streichen der Radkränze mit der bei den Russen üblichen weißen Farbe.

Die Berliner Blockade

Am 20. Juni 1948 führte man in den Westzonen Deutschlands eine Währungsreform durch. Damit wurde das wertlos gewordene, aber bisher einheitliche Geldsystem im besetzten Deutschland aufgehoben, obwohl die Siegermächte im Potsdamer Abkommen vom 2. August 1945 festgelegt hatten, *„dass Deutschland während der gesamten Besatzungszeit als wirtschaftliche Einheit zu betrachten sei."* Am 22. Juni 1948 wurden die Viermächteverhandlungen abgebrochen, und der sowjetische Oberbefehlshaber, Marschall Sokolowski, ordnete für die Sowjetzone und ganz Berlin eine separate Währungsreform an, die in den Westsektoren jedoch nicht durchgeführt wurde. Die Währungsreformen im Westen und Osten galten letztlich als Weichenstellungen für die Entwicklung unterschiedlicher Wirtschafts- und Gesellschaftssysteme in Deutschland. Siegte die Ostwährung, waren die drei Sektoren der Westmächte nicht mehr zu halten, setzte sich aber die kaufkräftige Westwährung auch im Ostteil Berlins durch, würde über kurz oder lang die Wirtschaft im sowjetischen Besatzungsgebiet zusammenbrechen. Die Sowjets waren sich natürlich einerseits dieser Gefahr bewusst, andererseits sahen sie darin aber auch die Möglichkeit, den Stachel der Westmächte inmitten ihrer Zone zu ziehen und ganz Berlin wieder ihrem Besatzungsgebiet einzuverleiben.

Schon Wochen vor der Währungsreform hatten sie damit begonnen, immer wieder die Eisenbahn- und Wasserstraßenverbindungen zwischen Berlin und den westlichen Besatzungszonen zu stören. Am 21. April 1948 führten sowjetische Behinderungen bei den Grenzkontrollen erstmals

Slg. Dr. Brian Rampp (4)

Ladeszenen am Flughafen Berlin-Tempelhof 1948 (links) in den Anfangstagen der Luftbrücke mit Douglas C-47-Maschinen der Militärversion DC-3. Das Gleis auf dem Rollfeld stammt aus dem Zweiten Weltkrieg, als die Tempelhofer Hallen von der Weser-Flugzeugbau GmbH zum Bau von Flugzeugen für die Luftwaffe genutzt wurden. Der Flughafen Tegel (oben) verdankt seine Entstehung der Blockade. Es war eine großartige Leistung der Franzosen, nach nur 85 Tagen Bauzeit eine einsatzfähige, damals mit 2.428 m längste Start- und Landebahn Europas fertigzustellen. Tegel wurde am 18. November 1948 in die Airlift Operations (Luftbrücke) eingebunden. Erstes offizielles Flugzeug war eine zweimotorige Douglas C-47 „Dakota“ (oben).

zur Einstellung des gesamten westalliierten Reiseverkehrs zwischen Berlin und den Westzonen. Den kontinuierlich fortgesetzten Nadelstichen folgte am 23. Juni 1948 die Einstellung des gesamten Interzonen-Eisenbahnverkehrs *„wegen diverser technischer Schwierigkeiten“*. Nun meinte Stalin offensichtlich, die Westalliierten weichgeklopft zu haben,

Links und oben: Auf wen könnte die Bezeichnung „Rosinenbomber“ besser zutreffen als die soeben zur Landung ansetzende C-54 von Leutnant Halvorsen? Der inzwischen 97 Jahre alte Pilot war Erfinder der an Fallschirmen abgeworfenen Süßigkeiten und einer der Helden unzähliger Berliner Kinder, die längst selbst „in die Jahre“ gekommen sind, aber die Männer der Luftbrücke nie vergessen haben!

Slg. Dr. Brian Rampp

Durch die Blockade festsitzende Schiffe am 29. April 1949 in Berlin-Spandau. Auf den weitverzweigten Berliner Wasserwegen waren 1949 die schlimmsten Kriegsschäden behoben, so dass auch während der Blockade ein eingeschränkter Schiffsverkehr innerhalb der Westsektoren durchgeführt werden konnte, u. a. zum Transport von Kohle, Trümmerschutt usw.

und verhängte auf den Landwegen die totale „Berliner Blockade" (vom 24. Juni 1948 bis zum 12. Mai 1949). Aber die USA waren entschlossen, Berlin zu halten. Der populäre US-Militärgouverneur in Deutschland, General Lucius D. Clay, erklärte: *„Wenn Berlin fällt, folgt als nächstes Westdeutschland (...)"* Zur Versorgung Berlins organisierte er eine Luftbrücke, wie man sie noch nicht gesehen hatte. Dazu mussten alle verfügbaren Flugzeuge der USA (u. a. aus Fernost) und der Briten nach Deutschland verlegt werden. Auf dem Gelände in Tegel entstand mit französischer Hilfe und deutschen Arbeitskräften in nur 90 Tagen die 2.428 m lange, damals längste Start- und Landebahn Europas. Auf dieser landete am 5. November 1948 eine Douglas C-54 neben den aus einfachsten Mitteln errichteten Gebäuden und Hallen.

Ernst Reuter, im Dezember 1948 mit großer Mehrheit wiedergewählter Oberbürgermeister Berlins und Freund Lucius D. Clays, wurde zur „Seele" des antikommunistischen Widerstands. Am 9. September 1948 machte er in seiner berühmt gewordenen Rede hunderttausenden Berlinern aus beiden Teilen der Stadt Mut zum Durchhalten. Nach dieser Rede kam es in Berlin zu schweren antisowjetischen Ausschreitungen. Die rote Fahne wurde vom Brandenburger Tor gerissen, in die riesige Menschenmenge geworfen und auf ihr herumgetrampelt. Die britische Militärpolizei stand dabei und sah zu, ohne einzugreifen. Es war schon fast wie am 17. Juni 1953.

Das gigantische Unternehmen der Luftbrücke gelang! Stalin musste einsehen, dass er dieser nichts entgegenzusetzen hatte und gab die Blockade auf. Die „Rosinenbomber" brachten auf 277.728 Flügen 2.326.205 Tonnen Versorgungsgüter in die Stadt – von Kartoffeln über Getreide bis hin zur Kohle! Das Luftbrückendenkmal, die Hungerharke, vor dem Flughafen Tempelhof erinnert an diese Zeit und an die 75 Menschen, die bei diesen Einsätzen ihr Leben lassen mussten.

Das undurchschaubare und manchmal groteske Durcheinander von Ansprüchen und Vorbehalten hatte zum endgültigen Bruch der Kriegs-Alliierten, fast zu einem Dritten Weltkrieg und schließlich zur Teilung Berlins und Deutschlands geführt. Auf der rechten Seite ist Ernst Reuters Rede (im Wortlaut) vor dem Reichstag nachzulesen:

„Lipschitz* hat das Wort geprägt, das in uns allen einen lebendigen Widerhall gefunden hat; er hat gesagt:„Wir kommen wieder!“ Wir kommen wieder in den Ostsektor Berlins, wir kommen auch wieder in die Ostzone Deutschlands!

Heute ist der Tag, an dem nicht Diplomaten und Generale reden und verhandeln. Heute ist der Tag, wo das Volk von Berlin seine Stimme erhebt. Dieses Volk von Berlin ruft heute die ganze Welt. Denn wir wissen, worum es heute geht bei den Verhandlungen im Kontrollratsgebäude in der Potsdamer Straße, die jetzt zum Stillstand gekommen sind, bei den Verhandlungen später in Moskau in den steinernen Palästen des Kreml. Bei all diesen Verhandlungen wird über unser Schicksal hier gewürfelt. Als vor Wochen diese Verhandlungen anfingen, da war der Appetit des russischen Bären größer als nur Berlin. Er wollte, daß verhandelt werden sollte auch über ganz Deutschland, und mit der lügenhaften Parole, man müsse die Spaltung Deutschlands verhindern, verschleierte er nur für andere, nicht für uns, seinen Appetit auf den anderen Teil Deutschlands, den er auch noch in seine Hände bekommen will.

Jetzt sind die Verhandlungen zu Berlin zurückgekehrt. Die Generale sind zu einem Stillstand gekommen. Wir leben in einer Pause. In dieser Pause glauben wir, daß es gut ist, wenn die Welt sieht, was das Volk von Berlin wirklich will. Morgen, übermorgen wird man verhandeln über die italienischen Kolonien. Ich weiß nicht, worüber man dann noch verhandeln will. Wir wollen nur eines klar sagen: In all diesem Handeln und Verhandeln wollen wir Berliner kein Tauschobjekt sein!

Uns kann man nicht eintauschen, uns kann man nicht verhandeln, und uns kann man auch nicht verkaufen. Es ist unmöglich, auf dem Rücken eines solchen tapferen, standhaften Volkes einen faulen Kompromiß zu schließen. Gewiß, Kompromisse sind der Inhalt jeder lebendigen Politik, aber Kompromisse müssen echte und ehrliche Kompromisse sein. Sie dürfen nicht so geschlossen werden, wie jene telefonischen Vereinbarungen in der Nacht zwischen dem französischen General und dem russischen General, wo der russische General sein Ehrenwort bricht. Ehe der Hahn dreimal kräht, war das Ehrenwort Schall und Rauch, und anständige, brave, ehrliche Berliner, Freunde von uns, wurden in Weißgardisten und schwarze Garde verwandelt.

Wir möchten der SED nur einen Rat geben: Wenn sie ein neues Symbol braucht, bitte, nicht den Druck der Hände, sondern der Druck der Handschellen, die sie den Berlinern anlegten. Die Handschellen, die sind in Wirklichkeit das Symbol dieser erbärmlichen Kümmerlinge, die für 30 Silberlinge sich selbst und ihr Volk an eine fremde Macht verkaufen wollen.

Wenn heute dieses Volk von Berlin zu Hunderttausenden hier aufsteht, dann wissen wir, die ganze Welt sieht dieses Berlin. Denn verhandeln können hier schon nicht mehr die Generale, verhandeln können schon nicht mehr die Kabinette. Hinter diesen politischen Taten steht der Wille freier Völker, die erkannt haben, daß hier in dieser Stadt ein Bollwerk, ein Vorposten der Freiheit aufgerichtet ist, den niemand ungestraft preisgeben kann. Wer diese Stadt, wer dieses Volk von Berlin preisgeben würde, der würde eine Welt preisgeben, noch mehr, er würde sich selber preisgeben, und er würde nicht nur dieses Volk von Berlin preisgeben in den Westsektoren und im Ostsektor Berlins. Nein, wir wissen auch, wenn sie nur könnten, heute stünde das Volk von Leipzig, von Halle, von Chemnitz, von Dresden, von all den Städten der Ostzone, so wie wir auf ihren Plätzen und würden unserer Stimme lauschen.

Sondermarke zum ersten Todestag 1954

Und ich weiß zutiefst, ich denke an meine alte Stadt Magdeburg, die mich zum Reichstagsabgeordneten wählte und deren Oberbürgermeister ich war, ehe Hitler uns in die Konzentrationslager steckte. Dieses Volk würde genauso wie damals zu Zehntausenden zu unseren Fahnen, zu den Fahnen der Freiheit eilen und sich mit uns und den Völkern der Welt zu einem großen, unzerstörbaren Bunde vereinigen.

Wenn wir darum heute in dieser Stunde die Welt rufen, so tun wir es, weil wir wissen, daß die Kraft unseres Volkes der Boden ist, auf dem wir groß geworden sind und größer und stärker werden, bis die Macht der Finsternis zerbrochen und zerschlagen sein wird. Und diesen Tag werden wir vor unserem alten Reichstag mit seiner stolzen Inschrift „Dem deutschen Volke“ erleben und werden ihn feiern mit dem stolzen Bewußtsein, daß wir ihn in Kümmernissen und Nöten, in Mühsal und Elend, aber mit standhafter Ausdauer herbeigeführt haben. Wenn dieser Tag des Sieges, der Tag der Freiheit, an dem die Welt erkennen wird, daß dieses deutsche Volk neu geworden, neu gewandelt und neu gewachsen, ein freies, mündiges, stolzes, seines Wertes und seiner Kraft bewußtes Volk geworden ist, das im Bunde gleicher und freier Völker das Recht hat, sein Wort mitzusprechen, dann werden unsere Züge wieder fahren nach München, nach Frankfurt, Dresden, Leipzig, sie werden fahren nach Breslau und nach Stettin. Und sie werden auf unseren kümmerlichen, elenden, zertrümmerten, alten, ruinierten Bahnhöfen wieder die zweiten Gleise aufmontieren, die das Symbol unserer wiedergewonnenen Freiheit sein werden, die wir uns, Berlinerinnen und Berliner, in den Kämpfen, die hinter uns liegen, und in den Nöten, die vor uns liegen, erkämpfen müssen und erkämpfen werden.

Ihr Völker der Welt, ihr Völker in Amerika, in England, in Frankreich, in Italien! Schaut auf diese Stadt und erkennt, daß ihr diese Stadt und dieses Volk nicht preisgeben dürft und nicht preisgeben könnt! Es gibt nur eine Möglichkeit für uns alle: gemeinsam so lange zusammenzustehen, bis dieser Kampf gewonnen, bis dieser Kampf endlich durch den Sieg über die Feinde, durch den Sieg über die Macht der Finsternis besiegelt ist.

Das Volk von Berlin hat gesprochen. Wir haben unsere Pflicht getan, und wir werden unsere Pflicht weiter tun. Völker der Welt! Tut auch ihr eure Pflicht und helft uns in der Zeit, die vor uns steht, nicht nur mit dem Dröhnen eurer Flugzeuge, nicht nur mit den Transportmöglichkeiten, die ihr hierherschafft, sondern mit dem standhaften und unzerstörbaren Einstehen für die gemeinsamen Ideale, die allein unsere Zukunft und die auch allein eure Zukunft sichern können. Völker der Welt, schaut auf Berlin! Und unser Volk von Berlin, sei dessen gewiss, diesen Kampf, den wollen, diesen Kampf werden wir gewinnen!

* Rudolf Otto Sigismund Lipschitz, deutscher Mathematiker und Hochschullehrer, geboren am 14. Mai 1832 in Königsberg (Preußen), gestorben am 7. Oktober 1903 in Bonn.

Die Postwege bei der Berliner Blockade

Von Volkhard Stern

Eine ganz wesentliche Rolle bei der Versorgung der Berliner Bevölkerung während der Berliner Blockade spielten die Postwege. Die Brief- und Paketbeförderung zu Land war von der Abriegelung genauso betroffen wie der Waren- und Gütertransport. Daher musste auch hier der Luftweg helfen.

Zunächst einmal rückte ein anderer Aspekt den Berlin-Konflikt in das Bewusstsein und ins tägliche Blickfeld der Bürger Westdeutschlands: Am 8. November 1948 hatte der Wirtschaftsrat für die Bizone (amerikanische und britische Besatzungszone) ein Gesetz beschlossen, das ein Notopfer zugunsten der leidenden Bevölkerung West-Berlins vorsah. Dieses sollte in Form einer dunkelblau-weiß gedruckten Steuermarke im Wert von 2 Pfennigen erhoben werden, die jeder Versender von Briefen, Paketen und Päckchen zusätzlich zum üblichen Porto auf seine Sendung aufkleben musste. Die blaue Notopfermarke war im Zeitraum vom 1. Dezember 1948 bis zum 31. März 1956 vorgeschrieben und betraf alle innerdeutschen Sendungen, außer von und nach West-Berlin sowie in die SBZ/DDR. Für den Bereich der französischen Besatzungszone (Rheinland-Pfalz, Baden, Württemberg-Hohenzollern) galten einige Besonderheiten hinsichtlich des Erhebungszeitraums. In Baden war nicht nur Berlin von den Einnahmen aus dem Notopfer begünstigt, sondern auch die geräumte Stadt Kehl mit einem ähnlichen Hintergrund.

In dem achtjährigen Erhebungszeitraum des Notopfers Berlin wurden ca. 20 Milliarden der „kleinen blauen Zwerge", wie sie der Volksmund nannte, gedruckt, anfangs unperforiert, später perforiert in Bögen zu 200 Stück. Die Größe betrug 12,75 x 21,48 mm mit kleinen Abweichungen. Rund 414 Millionen DM wurden im Erhebungszeitraum an Gesamterlösen erzielt, die bis auf eine kleine Verwaltungsvergütung für die Deutsche Bundespost in der Hauptsache der Berliner Bevölkerung zugute kam. Das kleine Solidaropfer war allgemein akzeptiert und brachte eine große finanzielle Wirkung. Interessanterweise blieb die ursprünglich nur für drei Monate gedachte Abgabe viel länger und weit über das Ende der Berliner Blockade hinaus erhalten, indem man die gesetzliche Grundlage immer wieder verlängerte (übrigens eine interessante Parallele zum heutigen Solidaritätszuschlag für den Aufbau der neuen Bundesländer). Unerwünscht waren die Steuermarken allerdings in Ostdeutschland: Wer irrtümlich seinen Brief in die DDR mit einem Notopfer versah, musste damit rechnen, dass die Sendung mit dem Vermerk „Marke unzulässig – zurück" versehen und nicht befördert wurde. So wirkte sich der „Kalte Krieg" selbst auf den Postsektor aus.

Wie sahen nun die unmittelbaren Auswirkungen der Blockade auf den Posttransport aus? Dazu muss man zunächst einen Blick auf die Postverhältnisse in Berlin nach Kriegsende 1945 werfen. Am 24. Oktober 1945 liefen die ersten Schienen-Postverbindungen zwischen Westdeutschland und den Berliner Westsektoren an. Bis Ende 1947 hatten sich diese weitgehend normalisiert. Der Viermächtestatus Berlins brachte es mit sich, dass die Post zum Zweck der besseren Kontrolle der Nachrichtenwege direkt dem Magistrat zugeordnet und insofern weisungsgebunden war. Der Beschluss der Interalliierten Militärkommandantur vom 23. August 1945 lautete: *„Sämtlicher Post-, Telefon- und Telegraphenverkehr in der Stadt soll innerhalb des Rahmens einer einzigen Organisation bleiben, insbesondere stehen Telegraphen-, Telefon-, Leitungs-*

bzw. Kabelämter sowie auch die örtlichen Post- und Telegrapheneinrichtungen unter der Leitung der Abteilung für Post und Fernmeldewesen im Oberbürgermeisteramt, welche die seitens der Militärregierung erstellten Anordnungen betreffs der Verwaltung des städtischen Verkehrs dieser Art ausführt." Dieser Magistratsverwaltung (West) stand jedoch die Hauptverwaltung Post- und Fernmeldewesen (Ost) gegenüber, und um die Kompetenzen beider Einrichtungen ließ sich in der Praxis trefflich streiten.

Bereits am 1. April 1948 zeichnete sich das drohende Unheil ab, als Eisenbahnwagen mit Postpaketen für West-Berlin die Durchfahrt durch die SBZ mit der Begründung untersagt wurde, dass es an nicht näher definierten Begleitpapieren mangele. Im April/Mai 1948 verschärfte Ostdeutschland die Transportbestimmungen für Pakete und schloss diverse Gegenstände, darunter Lebensmittel, Spirituosen, Gewürze aller Art, Tabak, Narkotika und Chemikalien, von der Beförderung aus. Zweck war die Unterbindung des Versandes von Lebensmitteln von der Ost- in die Westzonen, argumentiert wurde mit angeblichen „Transportschwierigkeiten während der Frühjahrsbestellung in der sowjetischen Besatzungszone". Die Ost-Berliner wussten dieses Verbot dadurch zu umgehen, dass sie Pakete bei Postämtern in den Westsektoren aufgaben. Das rief Anfang Mai 1948 die bereits erwähnte Hauptverwaltung Post- und Fernmeldewesen in der sowjetischen Besatzungszone auf den Plan, also die Ost-Post für den Bereich außerhalb Berlins. Was folgte, war ein Verantwortungsgerangel um den Status der Post in Berlin, begleitet vom gegenseitigen Absprechen der Zuständigkeiten. Mittlerweile stauten sich 117 Wagen mit über 600.000 Paketen und Päckchen im West-Berliner Bahnpostamt SW 77 zum Abtransport in die Westzonen. Am 23. Juni 1948 begann die Blockade der Bahnstrecken. Angeblich „faule Schwellen" dienten Generalmajor Kwaschnin, dem Leiter der sowjetischen Transportkommission, als Grund dafür, den Zugverkehr auf der Interzonenstrecke Berlin – Helmstedt „wegen technischer Störungen" einzustellen, wovon das Postzugpaar 5095/5096 unmittelbar betroffen war. An eine Auflösung des Paketstaus war nun erst recht nicht mehr zu denken. Ost-Berlin hielt der Westseite vor, es handele sich um „Schieberpakete" mit illegalem Inhalt und streute das

Slg. Volkhard Stern (2)

Postbeförderung Berlin – Westzonen während der Blockade. In Tempelhof fährt ein in der Ostmark/Österreich gebauter Post-Saurer (oben) zur Übergabe der Sendungen unmittelbar an die Douglas C-54 der US-Air-Force. Rechts ein im Krieg gebauter Ford der Deutschen Post mit vereinfachtem Führerhaus in Berlin-Gatow im britischen Sektor. Von hier beförderte die Royal Air Force die Post in die Westzonen.

Gerücht, die Pakete seien „in Fäulnis übergegangen" und „im Postamt SW 77 stinke es zum Himmel." Die Reichsbahn (Ost) verlangte von den westlichen Bahnpostämtern die Herausgabe der Wagen und drohte Standgelder an. Der Westen wehrte sich auf seine Weise: Da das Postamt SW 77 über ein eigenes Stellwerk verfügte, schaltete man die Weichen aus Richtung Anhalter Bahnhof auf „Einfahrt", um ausfahrende Lokomotiven zwangsläufig auf ein Abstellgleis zu lenken.

Der Paketberg konnte schließlich ab Mitte Juli 1948 abgebaut werden. Die Luftbrücke brachte mittlerweile jede Menge Material nach Berlin, und auf dem Rückweg konnten die Transporträume der Flugzeuge für den Pakettransport sinnvoll genutzt werden.

Eine weitere Facette des Berliner „Postkriegs" war der Streit um die Briefmarkenrechte. Ende Juni 1948 ließ die Hauptverwaltung Post- und Fernmeldewesen alle für den Verkauf in Berlin vorgesehenen Briefmarken mit dem Überdruck „Sowjetische Besatzungs Zone" versehen, alle anderen Marken wurden kurzerhand für ungültig erklärt. Der Westen verwendete daraufhin in seinen Sektoren den Überdruck „Berlin". Auf Westberliner Wertzeichen wurde ab dem 1. April 1949 im Osten eine Nachgebühr erhoben, und Ostberliner Marken mit den Porträts von Stalin und Pieck verloren im Gegenzug ihre Gültigkeit im Westen. Im Osten stieß zudem ein West-Berliner Sonderstempel zum 100. Tag der Luftbrücke sauer auf. Als neue „Waffe" plante die Ost-Post, an den im Westen verkehrenden S-Bahn-Zügen, die bekanntlich unter der Regie der DR (Ost) standen, Briefkästen anzubringen, *„damit die Westberliner ihre mit ostzonalen Briefmarken freigemachten Sendungen innerhalb Westberlins einwerfen können. Bisher mussten sie hierzu in den Ostsektor fahren."* Dazu kam es jedoch nicht, zumal man befürchtete, die West-Polizei könne die Briefkästen vor dem Überfahren der Demarkationslinie leeren lassen. Erst am 16. September 1949 fanden die Streitigkeiten mit der gegenseitigen Anerkennung der Frankaturen ein vorläufiges Ende.

Die Politik der gegenseitigen Nadelstiche setzte sich auch in anderen Bereichen fort. Wiederholt war bewegliches postalisches Eigentum Gegenstand der Streitigkeiten zwischen Ost und West. Der West-Berliner Magistrat verbot das Verbringen von posteigenem Material in den Osten, nachdem zuvor die Sowjets am 23. Juni 1948 einen gleichen Befehl in umgekehrter Richtung erlassen hatten. Am 8. Juli 1948 verfügte der französische Militärkommandant, dass Postfahrzeuge aus dem russischen Sektor, die sich zur Reparatur im Westen befanden, bis auf weiteres nicht zurückgegeben werden sollten. Die Ost-Seite beklagte, dass der „Postkrieg" im Winter 1948/49 unter anderem zu einer Blockade von Bahnpostwagen und Kraftfahrzeugen in West-Berlin geführt habe, auch seien deren Begleiter bedroht worden.

Die Briefe vom Juni (oben) und Oktober 1948 wurden mit Marken des im selben Jahr in der Sowjetischen Besatzungszone aufgelegten Satzes „Sinnbilder" mit Handstempelaufdruck frankiert. Beide liefen während der Blockade.

Schwierig gestaltete sich das Verhältnis der Postmitarbeiter zu ihrem Arbeitgeber. Ähnlich wie bei der Eisenbahn wohnten viele Postler im Westen, arbeiteten aber im Osten. Umgekehrt waren im Osten wohnhafte Postangehörige bei der Magistrats-Post beschäftigt. Die Frage der Loyalität und auch der Bezahlung in Ost- bzw. Westwährung stellte manchen auf eine harte Probe.

Je nachdem, wo sich welche Posteinrichtung befand, konnte es paradoxerweise vorkommen, dass Waren über die Luftbrücke in den Westteil der Stadt eingeflogen und dann in den Ostteil geliefert wurden. So war es zum Beispiel mit Papierrollen, die das Haupttelegraphenamt für seine Ferndrucker benötigte. Der Sitz dieses für ganz Berlin zuständigen Amtes befand sich im Ostsektor. Als den US-Behörden dieser offensichtliche Missbrauch der Luftbrücke bekannt wurde, schritt man ein und machte jede Lieferung technischer Gegenstände genehmigungspflichtig. Begleitet wurden die Auseinandersetzungen von einer Propagandaschlacht zwischen Ost und West. Der Osten ließ keine Gelegenheit aus, gegen die „den reaktionären kapitalistischen Westmächten ausgelieferte Berliner Post" zu sticheln und die angeblich sozialen Fortschritte und besseren Arbeitsbedingungen in der Ost-

Bild: H. Heidersberger, Braunschweig

Sendeanlage der Funkverbindung Westzonen–Berlin in Torfhaus (Oberharz)

Sicherer Nachrichtendienst Westzonen – Berlin

Auf einem der höchsten Punkte der Harzer Bergwelt hat die Deutsche Post eine Ultra-Kurzwellenstation für den Funkverkehr mit Berlin errichtet. Über je eine 40 m hohe Richtantennenanlage für die Sende- und Empfangsrichtung werden Tag und Nacht Funkgespräche und Funktelegramme nach und von Berlin ausgestrahlt und aufgenommen. An das Kabelnetz der Westzonen-Fernämter ist die Funkstelle Torfhaus durch eine Dezimeter-Funkverbindung Torfhaus – Fernamt Braunschweig angeschlossen.

Ankommende Telegramme
werden den Fernsprechteilnehmern auf Wunsch gebührenfrei zugesprochen.

März 1950	**8**	**9**	**10**	
	Mittwoch	**Donnerstag**	**Freitag**	
10. 1922 Funkverbindung Berlin – Kairo eröffnet.	SA 6.32 MA – SU 17.51 MU 7.46	SA 6.30 MA 0.00 SU 17.52 MU 8.06	SA 6.28 MA 1.33 SU 17.54 MU 8.34	24

DEUTSCHER POST-KALENDER

Slg. Volkhard Stern (3)

zonenpost gegenüber den unhaltbaren Zuständen im Westen hervorzuheben. Die westliche Seite reagierte mit Anweisungen zur Art und Weise der Bekanntgabe postalischer Regelungen über ihre Medien.

Die Luftbrücke tat unterdessen gute Dienste. Am 20. Juli 1948 gingen die ersten 797 Luftpostpakete ein, was von der West-Berliner Bevölkerung dankbar registriert und als Zeichen der Verbundenheit mit den Westzonen verstanden wurde. Dagegen gab es Probleme an anderer Stelle, die eine sowjetische Anweisung vom 22. Juli 1948 zur Arbeit an Fernleitungen auslöste. In diesem Zusammenhang kam es zu umfangreichen Umschaltungen bei den Fernsprechkabeln, mit der Folge, dass Leitungen in den Westen gekappt oder umgangen wurden. Insbesondere entstand plötzlich eine Situation, in der zwischen der SBZ und den Westsektoren keine direkten Leitungen mehr zur Verfügung standen. Telefongespräche von West-Berlin ins Umland mussten nun aufwendig über die Westzonen geschaltet werden, verbunden mit erheblichen Behinderungen und zeitlichen Verzögerungen. Die Post schuf bald Abhilfe mit der Herstellung einer Funkbrücke Berlin-Wannsee – Torfhaus (Harz), über die der Ultrakurzwellen-Sprechfunk von und nach Westen geleitet wurde. Ein Markstein in der Geschichte des Nachrichtenverkehrs, wie es damals hieß (siehe das Kalenderblatt).

Im Sommer 1949 entspannte sich die Situation. Am 1. Juli wurde das Verbot der Versendung von Lebensmitteln aus der Sowjetzone nach Berlin aufgehoben, und im August lief der Paket- und Päckchenverkehr zwischen Ost-Berlin und der sowjetischen Zone einerseits und den Westzonen andererseits wieder an. Die Paketblockade war zu Ende, und mit ihr eine schwierige Episode in der Berliner Nachkriegsgeschichte. Aber die Berliner Post blieb von nun an gespalten.

Quellen: o. A.: Die Deutsche Bundespost im Spiegel ihrer Direktionen, Bonn, 1957
Clemens Schwender: Die Berliner Post während der Blockade, in: Post und Telekommunikation, Heft 1/1999

Berliner Postspezialitäten

In Groß-Berlin selbst war die Deutsche Reichspost nicht mit Kraftomnibuslinien vertreten. Das war Sache der BVG, und die Post war ja für den Überlandbereich rund um Berlin zuständig. Anders aber im Jahr 1936, als zu den Olympischen Sommerspielen eigens ein Olympia-Kraftpostamt in Berlin eingerichtet wurde, um mit einer enormen Zahl damals rot lackierter Postbusse Sonderfahrten für den Besucherstrom durchführen zu können.

Wie sahen die Fahrten mit dem Postomnibus in den dreißiger Jahren aus? Sofern es sich nicht um ältere Fahr-

Slg. Wolfgang R. Reimann

Im Gegensatz zu Berlin gehörten Busse der Reichspost zum Straßenbild Potsdams. Von hier aus bedienten sie Linien in der Mark Brandenburg. Auf der Ostseite des Alten Marktes waren am 14. Mai 1938 der rotlackierte RP-22525 und eine Straßenbahn der Linie 4 unterwegs. Ganz links das Stadtschloss, hinten das Alte Rathaus mit dem vergoldeten Atlas auf dem Kuppeldach, daneben das Windelbandsche Haus als Zwischenbau zum Knobelsdorffhaus und ganz rechts der Palast Barberini. Ein wunderschönes Bild von Heinz Meyer.

zeuge aus den zwanziger Jahren handelte, die noch über Holzaufbauten verfügten, kamen moderne Wagen mit Ganzstahlaufbau in den von der Deutschen Reichspost definierten Standardgrößen zum Einsatz. Am meisten verbreitet war die Wagengröße für 33 Fahrgäste, versehen mit einem Einheitsaufbau. Die Post als größter ziviler Fahrzeughalter im Land konnte der Industrie bereits damals Vorschriften diktieren, um daraus Vorteile für Reparaturen und die Ersatzteilvorhaltung in den Werkstätten zu ziehen. Eines der größten Kraftpostwerke für die Unterhaltung des Fuhrparks befand sich übrigens in Berlin-Borsigwalde. Auf eine zeitgemäße Ausstattung *(„starke, leistungsfähige Motoren, beste Bereifung und Federung, sichere Bremsen, geschmackvolle Inneneinrichtung mit bequemen Sitzen und guter Lüftung")* wurde großer Wert gelegt. Neben den Linienwagen standen für Ausflugsfahrten („Kraftsonderposten") Busse mit offenem Verdeck oder in Allwetterausführung bereit, wobei mit letzterer ein Schiebedach gemeint war. Jeder Postomnibus war als unverwechselbares Merkmal mit einem Briefkasten ausgestattet, in den die Postkunden ihre Sendungen einwerfen konnten. Es wird nicht überraschen, dass sich in den Landorten die Haltestellen in der Regel an der örtlichen Poststelle befanden, denn die Postomnibusse nahmen neben den Fahrgästen auch Postsachen, also Briefbeutel und Pakete mit.

Gefahren wurden die Postbusse selbstverständlich von Beamten – hier konnte sich der Fahrgast sozusagen dem Staat anvertrauen und war zudem gegen Unfälle versichert. Im Gegensatz zur Reichsbahn, die bis Anfang 1937 als AG firmierte und erst dann wieder unmittelbare Reichsbehörde wurde, blieb die Post stets eine hoheitliche Aufgabe. Unabhängig vom Reichskursbuch für die Schiene gab die Post ein eigenes Kursbuch heraus, Fahrkarten konnten an allen Postschaltern sowie beim Mitteleuropäischen Reisebüro gelöst werden. Je nach Strecke betrug der Fahrpreis im Liniendienst zwischen 5 und 8 Pfennig pro Kilometer. Sonderfahrten kosteten zwischen 3 RM (z. B. von Brandenburg/Havel nach Kloster Lehnin, Werder, Potsdam und Neubabelsberg) und 6 RM (z.B. von Potsdam als Tagesfahrt in den Spreewald über Großbeeren nach Lübbenau, mit Kahnfahrt). Aber es ging auch günstiger, so etwa für 30 Pfennige vom Bahnhof Ferch-Lienewitz im Anschluss an die ankommenden Vorortzüge nach dem Kurort Ferch, und zwar fünfmal an Werk- und siebenmal an Sonn- und Feiertagen.

Die landschaftlichen Schönheiten der Mark Brandenburg und die Sehenswürdigkeiten von Berlin und Potsdam werden in dem 1935 von der Oberpostdirektion Potsdam – zu dieser Zeit erfolgte die Umbezeichnung der Oberpost- in Reichspostdirektionen – wie folgt geschildert: *„In zahllosen Seen und Flußläufen spiegeln sich einsame Wälder mit uralten Kiefern, Buchen und Eichen. Düstere Moore wechseln mit sattgrünen Wiesen oder goldgelben Kornfeldern. Hin und wieder ragen Türme alter Städte und Dörfer in den flach gewellten Horizont. In still verhaltener Schönheit offenbart sich so das Landschaftsbild der Mark Brandenburg. Berlin, die Reichshauptstadt, der Brennpunkt deutschen Lebens, deutscher Schaffenskraft und Gastfreundschaft, gilt mit Recht auch als die Weltstadt mit der schönsten Umgebung. Ein bunter Kranz von Seen, Flußläufen, Wäldern, Kurorten, Sommerfrischen und anderen Sehenswürdigkeiten bietet reiche Gelegenheit zu Ausflügen und sportlicher Betätigung. Wenn es sich schon lohnt, Berlin zu besuchen wegen seiner Eigenart als moderne Weltstadt, wegen seiner großen Geschichte, seiner Baudenkmäler und Kunstschätze – lohnt es sich doppelt, Berlin zu sehen wegen der Schönheit seiner Umgebung. Potsdam und seine Schlösser und Kirchen sind erhabene Zeugen großen Geschehens in der Geschichte Preußens und des neuen Deutschen Reiches und nehmen unter den Sehenswürdigkeiten Deutschlands eine hervorragende Stellung ein."*

Auch nach dem Zweiten Weltkrieg war die Kraftpost in der viergeteilten Stadt Berlin nicht vertreten. Die Landespostdirektion Berlin unterhielt jedoch einige Omnibusse für den internen Personaltransport. Aufgrund des besonderen Status der Stadt durften sämtliche Postfahrzeuge im Nachkriegs-Berlin zwar (wieder) die gelbe Farbe und das Posthorn-Symbol tragen, nicht jedoch den Schriftzug der 1950 gegründeten Deutschen Bundespost.

Eine andere Institution der Post war hingegen aus der Millionenstadt nicht wegzudenken: die Rohrpost. Bereits Ende 1865 war in Berlin ein pneumatisch arbeitendes Rohrpostsystem zum schnellen Telegrammtransport in Betrieb genommen worden. Besonders für das Zeitungs- und das Bankenviertel hatte die neuzeitliche Anlage große Bedeutung. Das Netz wurde ständig erweitert und erreichte 1940 mit 400 km seine größte Ausdehnung. Fast 80 Post- und Telegraphenämter sowie diverse private Firmen und Institutionen (wie z. B. die Reichsbank und das Hotel Adlon) waren an Rohrpostleitungen angeschlossen,

Bild: Fernmeldetechnisches Zentralamt, Darmstadt

STARKER PAKETVERKEHR
BUNDESREPUBLIK-WESTBERLIN

Der Postzug aus Westdeutschland ist eingetroffen und mit ihm Tausende von Paketen aus dem In- und Ausland. Mittels Paketkarren und Fließbändern wird diese tägliche Paketflut zu den Sortierstellen geleitet, von dort mit Kraftwagen den westsektoralen Postämtern zugeführt und den Empfängern schnellstens zugestellt. Auch noch heute sind oft Liebesgabenpakete darunter, die Freude ins Haus bringen und wirkliche Not lindern.

Ein Liebesgabenpaket wird geöffnet · Unten: Auf dem Bahnsteig des Postamtes Berlin SW77

Bild: Kindermann, Berlin-Wilmersdorf

Postpakete oder Postgut (bis 7 kg) können als Schnellpaket (Schnellpostgut), dringend, als Eilpaket, postlagernd, unter Nachnahme und mit Wertangabe versandt werden.

JUNI 1952	5 DONNERSTAG	6 FREITAG	7 SONNABEND
5. 1852 »Gesetz über das Postwesen« in Preußen 1945 Alle von Deutschland beherrschten Nachrichtenverkehrseinrichtungen hören zu senden auf Vier Besatzungszonen, sieben Postgebiete gebildet 6. 1850 Ferdinand Braun geb. 7. 1859 Sächsisches Postgesetz	SA 3.41 MA 17.26 SU 20.17 MU 1.27	SA 3.40 MA 18.54 SU 20.18 MU 1.47	SA 3.39 MA 20.19 SU 20.19 MU 2.16

DEUTSCHER BUNDESPOST-KALENDER

Slg. Volkhard Stern

Bild: Kibleben, Berlin-Schöneberg

Motorfahrer des Postschnelldienstes verlassen den Posthof

Post-schnelldienst in Berlin

Zur schnellsten Beförderung der Postsendungen innerhalb Groß-Berlins ist am 1.3.49 der Postschnelldienst in den drei Westsektoren als Ersatz für den noch ruhenden Rohrpostdienst aufgenommen worden. Durch Einrichtung von vier Linien, die mit Krafträdern in je vier Rundfahrten befahren werden, ist es möglich, die Sendungen auch an Sonn- und Feiertagen innerhalb von 3 bis 4 Stunden nach der Einlieferung vom Absender zum Empfänger zu bringen. Die Gebühren für gewöhnliche Postkarten und Briefsendungen einschl. Päckchen betragen bis 20 g = 80 Pf, über 20—2000 g = 150 Pf, für einen Empfangsschein bei Überbringung durch besonderen Boten . . . mehr 80 Pf, bei Überbringung durch Briefzusteller . . mehr 40 Pf, für Abholung der Sendung aus der Wohnung des Absenders . . . mehr 30 Pf, Einlieferung bei einem Zweigpostamt oder einer Poststelle . . . mehr 30 Pf.

Postschnelldienst sichert schnellste Überbringung von Postsendungen.

Slg. Volkhard Stern (2)

November 1950	6	7	8	
6. 1597 Patent Kaiser Rudolphs II., „den Reichsposten keinen Eintrag, Hindernizs oder Nachtheil zu thun". 7. 1818 Einführung gestempelter postalischer Bogen zur Frankierung privater Korrespondenz in Sardinien.	Montag SA 7.04 MA 2.00 SU 16.23 MU 14.54	Dienstag SA 7.06 MA 3.24 SU 16.21 MU 15.05	Mittwoch SA 7.08 MA 4.54 SU 16.19 MU 15.17	106

DEUTSCHER POST-KALENDER

rund acht Millionen Sendungen wurden jährlich befördert. In den letzten Kriegsjahren gewann die Rohrpost besondere Bedeutung. Während der Eilbotendienst im August 1944 eingestellt werden musste, weil das Personal eingezogen war und nicht mehr zur Verfügung stand, gewährleistete die Rohrpost auf den unzerstörten Leitungsabschnitten fast bis zur Kapitulation den Post- und Nachrichtentransport. Ende 1945/Anfang 1946 wurden erste Rohrpoststrecken wieder bedient. 1949 führte die Berliner Blockade der Russen auch zu einer Blockade der sektorenübergreifenden Rohrpost. In West- und Ost-Berlin wurden nun zwei unabhängig voneinander arbeitende Rohrpostnetze weiter betrieben. Ab dem 1. März 1949 führte die nun eigenständige West-Berliner Postverwaltung einen hocheffizienten Post-Schnelldienst mit Motorrädern (zum Teil auch per Lkw, Fahrrad, Straßenbahn oder zu Fuß) ein, um weggefallene Rohrpostverbindungen zu ersetzen. Am 28. Februar 1963 endete der verbliebene Rohrpostdienst in West-Berlin, da nun ausreichend Alternativen zur Verfügung standen. In Ost-Berlin wurde er hingegen bis 1976 fortgeführt. Postinterne, also nicht öffentliche Rohrpostverbindungen gab es im Westen noch bis 1972, im Osten in Form von Hausrohrposten sogar bis in die achtziger Jahre.

Links: *„Ein besonders wichtiges Postamt! Unmittelbar am Kontrollpunkt der Autobahn Braunschweig – Magdeburg – Berlin liegt das Zweigpostamt Helmstedt-Zonengrenze. Es ist modern und freundlich eingerichtet und durchgehend geöffnet. Von hier aus benachrichtigt der Fernfahrer nach oft stunden-, ja mitunter tagelangem Warten vor dem Schlagbaum telegraphisch oder fernmündlich seinen Spediteur in Berlin oder Hamburg, bestellt der durchreisende Geschäftsmann ein Zimmer in Düsseldorf oder Frankfurt, sendet der Reiseteilnehmer nach überstandener Grenzkontrolle seinen Angehörigen einen Kartengruß. Aber auch alle übrigen Postdienstzweige, wie z. B. Postsparkassendienst und Annahme von Paketen, Wert- und Einschreibsendungen, Postanweisungen und Zahlkarten, werden von den stets hilfsbereiten Beamten des Postamtes Helmstedt-Zonengrenze wahrgenommen. Die hohen monatlichen Verkehrszahlen beweisen treffend die große Bedeutung dieses Postamtes als Bindeglied zwischen Ost und West".*

Slg. Stefan Ponzlet

Während der Berliner Blockade stand die Braunschweiger 50 841 kalt abgestellt im Bw Berlin-Grunewald. Hinsichtlich des bevorstehenden Endes der Blockade reaktivierte man die Lok und bereitete sie auf ihre erste Fahrt am 12. Mai 1949 (Berlin – Braunschweig) vor. Dass diese oder ähnliche Fotografien immer etwas pressemäßig gestellt wirken, nimmt ihnen nichts von ihrem dokumentarischen Wert. Die bei Krauss-Maffei gebaute 50 841 sowie die Schwesterlokomotiven 50 842–50 847 wurden im Januar 1941 fabrikneu beim Bw Freiburg stationiert. Aber durch die während des Krieges vielfach durchgeführten Umbeheimatungen blieb die 50 841 nicht lange im Breisgau: Ab Juli 1941 befand sie sich beim Bw Leipzig-Wahren, von 1941 bis 1943 bei der RBD Posen, von 1943 bis Mai 1944 bei der RBD Königsberg (Pr.), danach bei der RBD Nürnberg und von Oktober 1945 bis 1958 beim Bw Braunschweig Vbf, so auch zum Zeitpunkt der Aufnahme.

Slg. GG

Bereits am 14. Juli 1945 wurde zwischen der Britischen Besatzungszone Deutschlands und den Westsektoren Berlins der „Interzonen-Güterverkehr“ aufgenommen. Die schwere Kriegslok 42 678 vom Bw Hildesheim mit den während des Krieges verwendeten Großbuchstaben „HiD“ und dem neu angeschriebenen Eigentümer „Allied Forces British“ auf Führerhaus und Rauchkammer bespannte diesen Güterzug von Helmstedt nach Berlin. Auf dem Schild über der Rauchkammer waren, für jeden Militärposten und Eisenbahner unterwegs gut sichtbar, der Zielbahnhof Berlin-Grunewald und die Hoheitszeichen der USA und Englands angegeben. Solche Schilder verwendete man vor und nach der Blockade.

Rechts oben und rechts: Am 12. Mai 1949 wurde auf dem Gelände des Anhalter Güterbahnhofs der erste, nach der Blockade in Berlin angekommene Kohlezug von der mit voller Maschinenleistung arbeitenden 80 007 verschoben. Den Hintergrund bildete das noch intakte Bw Anhalter Bf, erkennbar am charakteristischen Wasserturm und den Schornsteinen, etwas weiter rechts erkennt man die Schornsteine des Hochbahn-Kraftwerks. US-Soldaten dokumentierten das Ereignis mit ihren Kameras für die Wochenschauen zu Hause. Ihre Jeeps hatten sie hinten abgestellt.

Rechts: Inzwischen hat die 80er den Kohlezug auf die parallel zur Möckernstraße (hier in Höhe der abzweigenden Hornstraße) verlaufenden Gleise fast bis zur Yorckstraße vorgezogen, überwacht von Militärpolizisten mit weißen Stahlhelmen. Den Holzturm hatte man wahrscheinlich in der ersten Nachkriegszeit zur Überwachung des Geländes errichtet, während der alte preußische Abteilwagen wahrscheinlich zur Lagerung von Schmierstoffen, Öl etc. diente.

Slg. Dr. Brian Rampp (2)

Günter Meyer

Slg. Dr. Brian Rampp (2)

Ab dem 12. Mai 1949 war die Zonengrenze wieder offen für den Eisenbahn-, Straßen- und Schiffsverkehr. Aber auch nach der Berliner Blockade gab es weiterhin unterschiedliche Auffassungen über den rechtlichen Status der betroffenen Bereiche sowie über Tarif- und Abrechnungsfragen, was immer wieder zu Konflikten führte. Eine Vereinbarung vom 3. September 1949 regelte den durchgehenden Personenverkehr zwischen beiden Teilen Deutschlands und erweiterte das Angebot um fünf Fernschnellzugpaare zwischen Westdeutschland und Berlin (West). Als Übergangsbahnhöfe für den Berlin-Verkehr bestimmte man Büchen/Schwanheide, Bebra/Gerstungen und Hof/Gutenfürst.

Links oben: Im September 1946 trafen die ersten, mit Getreide und Kohle beladenen Binnenschiffe aus den westlichen Besatzungszonen Deutschlands in Berlin ein. Der Interzonen-Schiffsverkehr beschränkte sich ausschließlich auf Güter, Personenbeförderungen durch Fahrgastschiffe waren nicht zulässig. Diese Aufnahme entstand Ende der vierziger Jahre vor dem schwerbeschädigten Berliner Dom.

Links: Erleichterung und Freude der Berliner über das Ende der Blockade fanden in der herzlichen Begrüßung der ersten Lkw am 12. Mai 1949 ihren Ausdruck. Sie entschädigte die Lkw-Fahrer ein wenig für endlos lange Wartezeiten und Kontrollen an der Zonengrenze.

Oben: Am 12. Mai 1949 gehörte der von der Braunschweiger 50 155 beförderte Güterzug zu den ersten, die Berlin erreichten. Der Zielbahnhof Grunewald ist auf dem Schild über der Rauchkammer angegeben. Die bei Borsig in Hennigsdorf gebaute Lok begann ihre Betriebsdienstzeit im Mai 1940 bei der RBD Osten in Frankfurt (Oder) beim Bw Frankfurt (O) Vbf. 1943 kam sie zur RBD Hannover, wo sie im Oktober 1944 zum Bestand des Bw Lehrte zählte. Im Februar 1946 (und noch zehn Jahre danach) gehörte sie zum Bw Braunschweig Vbf.

1948/49
– zwei deutsche Staaten entstehen

Ohne Beteiligung der Sowjetunion wurden auf der Londoner Sechsmächtekonferenz (23. Februar 1948 bis zum 2. Juni 1948) die Weichen zur Gründung der Bundesrepublik Deutschland gestellt, in der die Westzonen zu einem neuen, föderalistischen demokratischen Staat zusammengefasst werden sollten. Frankreich stimmte allerdings nur unter der Bedingung zu, dass das Saarland abgetrennt sowie wirtschaftlich an Frankreich angeschlossen und das Ruhrgebiet unter eine internationale Kontrolle gestellt werde. Beteiligt an der Konferenz waren die drei westlichen Besatzungsmächte sowie die drei Benelux-Staaten als unmittelbare Nachbarn Westdeutschlands.

Bereits am 13. Februar 1948 hatte die Sowjetunion gegen die Durchführung protestiert, da diese im Widerspruch zum Potsdamer Abkommen stünde. Dagegen warfen die Westmächte der UdSSR vor, den Grundsatz der Wirtschaftseinheit Deutschlands nicht beachtet zu haben, verwiesen jedoch gleichzeitig darauf, dass diese Konferenz bzw. dass dort getroffene Vereinbarungen die Möglichkeit der Besatzungsmächte zu gemeinsamen Fragen nicht ausschließe. Während der Konferenz fand am 20. März 1948 in Berlin eine Sitzung des Alliierten Kontrollrats statt. Als man Marschall Sokolowski die Auskunft über erste Konferenzergebnisse verweigerte, beendete die Sowjetunion ihre Mitarbeit im Kontrollrat, der damit zum letzten Mal zusammengetreten war.

Am 3. April 1948 unterzeichnete US-Präsident Harry S. Truman den „Marshall-Plan" zum Wiederaufbau Europas. West-Deutschland erhielt, im Gegensatz zu anderen Ländern, die Zuwendungen allerdings nur als Kredit und hatte – laut Londoner Schuldenabkommen vom 12. Februar 1953 – bis 1962 rund 13 Milliarden DM mit Zins und Tilgung zurückzuzahlen. Zugute kam das Geld nur den Menschen im Westen Deutschlands, die diese Chance nutzten, während sich die ebenso fleißigen wie tatkräftigen Menschen im einst besonders industriereichen Mitteldeutschland mit dem begnügen mussten, was ihnen die Sowjets übrig gelassen hatten.

Der Erfolg der Luftbrücke während der Berliner Blockade (siehe die Vorseiten) führte sowohl in den Westsektoren Berlins als auch in Westdeutschland zu einem Stimmungsumschwung: Die bisher als Besatzer angesehenen Alliierten wurden nun auch als Schutzmächte und schließlich als Freunde wahrgenommen.

Am 23. Mai 1949 trat das (bereits 1948 war für die westlichen Besatzungszonen ausgearbeitete) Grundgesetz in Kraft, das die Bundesrepublik Deutschland begründete. Dieses Grundgesetz war zunächst nicht als dauerhafte Verfassung gedacht noch wurde es als solches bezeichnet, denn man ging fest davon aus, dass es über kurz oder lang zur Wiedervereinigung mit der Sowjetischen Besatzungszone kommen würde. Das Grundgesetz bezeichnete Berlin zwar als „Land der Bundesrepublik", aber im Genehmigungsschreiben der westlichen Alliierten stand u. a., dass Berlin (West) *„nicht durch den Bund regiert werden und lediglich nicht stimmberechtigte Abgeordnete in den Bundestag und Vertreter in den Bundesrat entsenden dürfe."* Am 14. August 1949 fand die erste Bundestagswahl statt, und am 7. September 1949 konstituierten sich Bundesrat und Bundestag. Prof. Theodor Heuss war erster Bundespräsident, Dr. Konrad Adenauer erster Bundeskanzler.

Als unmittelbare Reaktion auf die Londoner Konferenz begann man 1948 auch in der Sowjetzone mit der Ausarbeitung einer Verfassung. Von den Sowjets (Stalin!) abgesegnet, trat am 7. Oktober 1949 der Zweite Deutsche Volksrat als provisorische Volkskammer zusammen und proklamierte die „Verfassung der Deutschen Demokratischen Republik" (DDR). Otto Grotewohl wurde erster Ministerpräsident, Wilhelm Pieck erster Staatspräsident. Damit war die deutsche Teilung besiegelt.

In deren Folge entstanden auch zwei deutsche Staatsbahnen. Ab dem 7. September 1949 bezeichnete man die bisherige „Deutsche Reichsbahn im vereinigten Wirtschaftsgebiet" als „Deutsche Bundesbahn", während man für die nunmehrige Staatsbahn der DDR die Bezeichnung „Deutsche Reichsbahn" beibehielt (wohl weil sie den Verlust der Betriebsrechte in Berlin (West) fürchtete, die ihr ja unter diesem Namen verliehen worden waren. Aber ihre Zuständigkeit für die gesamten Anlagen in den Westsektoren sowie für die Betriebsführung wurde durch die Westalliierten anerkannt. Dies betraf das Fernbahnnetz, die S-Bahn, 77 Bahnhöfe, 25 Güterbahnhöfe, alle Bahnbetriebswerke und 15 Verwaltungsstellen. Bei

Slg. Dr. Brian Rampp

„Rettet die Nation, fordert gesamtdeutsche Wahlen" stand in großen Lettern auf dem Tender der 42 853 vom Bw Angermünde, die im Dezember 1951 im Bw Pankow in Fahrtrichtung gedreht wurde. Normalerweise achteten nur wenige auf die unzähligen pathetischen Sprüche, die zum Repertoire des politischen Systems gehörten – und schon gar nicht auf die Werbung für den 1950 beschlossenen (von der Sowjetunion übernommenen) „Fünfjahresplan" auf der Rauchkammer. Aber vielleicht war der Hinweis auf die Rettung der Nation einer der wenigen, die von den Menschen mit stillem Ernst wahrgenommen wurden! Die Realität war jedoch, dass die DDR zum Zeitpunkt der Aufnahme einer UN-Delegation die Einreise wegen „Einmischung in innere Angelegenheiten" verweigerte.

den in die Sowjetzone/DDR fahrenden Güterwagen der Bundesbahn musste die Aufschrift „Deutsche Reichsbahn" zunächst noch beibehalten werden, mit dem jeweiligen Zusatz „Brit.-US Zone" oder „Zone Fr".

Nach der Währungsreform in den westlichen Besatzungszonen sowie in den Westsektoren am 20. Juni 1948 gab es in Berlin zwei Währungen. Die im Westteil der Stadt wohnenden Eisenbahner der RBD Berlin wurden jedoch in Ostmark entlohnt. Dass dies schon bald zu Problemen führen würde, war klar angesichts des Umtauschkurses von 1:4 bis 1:6. Wie sollte davon ein Eisenbahner mit seinem bescheidenen Einkommen seine Familie ernähren bzw. den Lebensunterhalt bestreiten können? Im März 1949 kam es zum Streik durch die Unabhängige Gewerkschaftsopposition (UGO), die eine Entlohnung in DM forderte. Aus politischen Gründen hatte sich die UGO am 23. Mai 1948 vom Freien Deutschen Gewerkschaftsbund (FDGB) getrennt. Der FDGB war (bis zur Wiedervereinigung) die gewerkschaftliche Organisation der Sowjetzone/DDR und ein Instrument des politisch-ideologischen Machtgefüges, während die UGO als Dachverband der West-Berliner Gewerkschaften fungierte, aus dem später der West-Berliner DGB-Landesbezirk entstand. Von der SED wurde der Streik als „UGO-Putsch" bezeichnet und brachte nur einen Teilerfolg: Gehälter wurden zu 60 % in DM gezahlt und zu 40 % in Ostmark. Die Westalliierten wiesen den Magistrat von Berlin (West) an, den Ostmark-Anteil in DM zu tauschen. Die Strafe Ost-Berlins folgte unmittelbar: Die RBD Berlin entließ bis August 1949 1.372 Eisenbahner und verlegte ihren Sitz vom Schöneberger Ufer im US-Sektor in den Sowjetsektor. Am 13. März 1952 ordnete die DR-Generaldirektion neue Schreibweisen an: So wurde u. a. die RBD (Reichsbahndirektion) zur Rbd, das RBA zum Rba (Reichsbahnamt) und das RAW zum Raw (Reichsbahn-Ausbesserungswerk). Es dauerte lange, bis sich die Änderungen durchsetzten, zumal in der nun spürbaren kommunistischen Mangelwirtschaft das Papier für neue Vordrucke (alte aufbrauchen!) und sogar das Material für neue Stempel fehlten.

Günter Meyer

Rbd Halle

Gebühr 1.– RM

Reisegenehmigung

Nur gültig für eine Fahrt

Herr/Frau/Frl. ....

ist berechtigt, in der Zeit vom .... bis 1946

von .... nach ....

und zurück zu reisen.

(Dienstsiegel) ...., den 1946

Rückseite beachten!

Slg. GG

Zum Ende der Berliner Blockade am 12. Mai 1949 hatte General Tschuikow, der Chef der sowjetischen Militäradministration, die Wiederherstellung des Eisenbahnverkehrs auf der Interzonenstrecke Helmstedt/Marienborn – Berlin angeordnet. Damit kam auch das Zugpaar D 111/112 wieder in Fahrt, das bereits ab dem 7. Oktober 1945 von Berlin-Charlottenburg nach Hannover verkehrte. Über Trümmer hinweg geht der Blick von der Niebuhrstraße zur Stadtbahn, auf der eine 01 mit D 111 unweit des Bahnhofs Savignyplatz in Richtung Osten unterwegs ist. Aber einfach einsteigen und abfahren ging nicht. Rechts: eine Reisegenehmigung Leipzig – Berlin vom 4. Januar 1947 für Frau Charlotte Köhler.

Zur Entwicklung

DES REISE-VERKEHRS IN DER SOWJETISCHEN BESATZUNGSZONE

VON ERWIN KRAMER, STELLV. GENERALDIREKTOR DER DEUTSCHEN REICHSBAHN

Die Besserung und Festigung der wirtschaftlichen Verhältnisse in der sowjetischen Besatzungszone Deutschlands, die besonders durch die erfolgreiche Erfüllung des Zweijahrplanes ein solides Fundament erhalten haben, stellt auch den Reisezugdienst der Deutschen Reichsbahn vor neue Aufgaben. Eine organisatorische Umstellung bei der Reichsbahn zeigt, daß sie diese Aufgaben richtig erkannt hat. So werden in Zukunft alle Angelegenheiten des Reiseverkehrs in der Generaldirektion und in den Reichsbahndirektionen durch eine besondere Abteilung bearbeitet werden. Für den Reisenden wird von Interesse sein, daß für die nächste Zeit die Erweiterung und Verbesserung des Interzonenverkehrs, sowie die Entwicklung des internationalen Durchgangsverkehrs vorgesehen sind. Auch der Fahrplan für den inneren Verkehr der Ostzone wird einer eingehenden Überprüfung unterzogen um bessere und schnellere Verbindungen herzustellen, die Anschlußmöglichkeiten besser aufeinander abzustimmen und dem Reisenden in Bezug auf die Ausstattung der Wagen und Ausgestaltung der Bahnhöfe einschließlich Warteräume und Abfertigungsstellen die Bequemlichkeiten zu bieten, auf die er mit Recht Anspruch erheben kann. Ferner wird sich die Reichsbahn in Zukunft eingehend mit der besseren Bedienung des Reiseverkehrs in den ländlichen Bezirken befassen und auch den Berufsverkehr in den Industriegebieten den Bedürfnissen der werktätigen Massen mehr als bisher anpassen.

In der DER-Zeitschrift „Reisedienst“, Heft 1 vom Oktober 1949, erschien ein Beitrag des stellvertretenden Reichsbahn-Generaldirektors Erwin Kramer „Zur Entwicklung des Reiseverkehrs in der Sowjetischen Besatzungszone“. Die mächtige sächsische Schnellzugdampflok 19 001 steht hier als „Jugendlok“ abfahrbereit in Berlin Schlesischer Bahnhof/Ostbahnhof. Slg. Stefan Ponzlet

Günter Meyer

Ab 1950 baute die DDR-Reichsbahn – unter Einbeziehung älterer Abschnitte – den vor dem Zweiten Weltkrieg begonnenen Berliner Außenring (Güteraußenring, Umgehungsbahn) aus, um im Bahnverkehr zwischen der DDR und dem Ostteil Berlins die in den Westsektoren liegenden Bahnhöfe umfahren zu können. Im Sommer 1953 verlässt ein von der 03 1075 geführter Fernzug (oben) den nördlichen Außenring und fährt auf das damalige Stellwerk Karow zu, hinter dem die drei Ausfahrsignale für die Züge aus Richtung Stettin zu sehen sind. Dieser Zug wurde teilweise auch über den eingleisigen Güteraußenring geleitet, auf dem die 52 2539 mit einem Güterzug fotografiert wurde. Die neu ausgerichtete Betriebsführung bedeutete das Ende der großen Berliner Kopfbahnhöfe.

Slg. Dr. Brian Rampp

Günter Meyer (2)

Infolge der Grenzziehungen nach 1949 blieben von einigen Berliner Privatbahn-Gesellschaften teilweise nur Reste übrig. Um zu überleben, mussten sie sich neu orientieren. Bis 1948 war auf der Neukölln-Mittenwalder Eisenbahn (NME) noch durchgehender Verkehr bis Mittenwalde möglich. Danach endete die Strecke am Zwickauer Damm in Rudow. Auf dem NME-Gelände am Teltowkanal (siehe auch Seite 31) standen am 30. Mai 1959 noch mehrere betagte Fahrzeuge. Rechts neben der bei Orenstein & Koppel (O & K) gebauten Dampflok 2'' (Fabrik-Nr. 972/1903), stand ein 1915 bei der Maschinenfabrik Steinfurt in Königsberg (Pr.) hergestellter Benzol-Triebwagen.

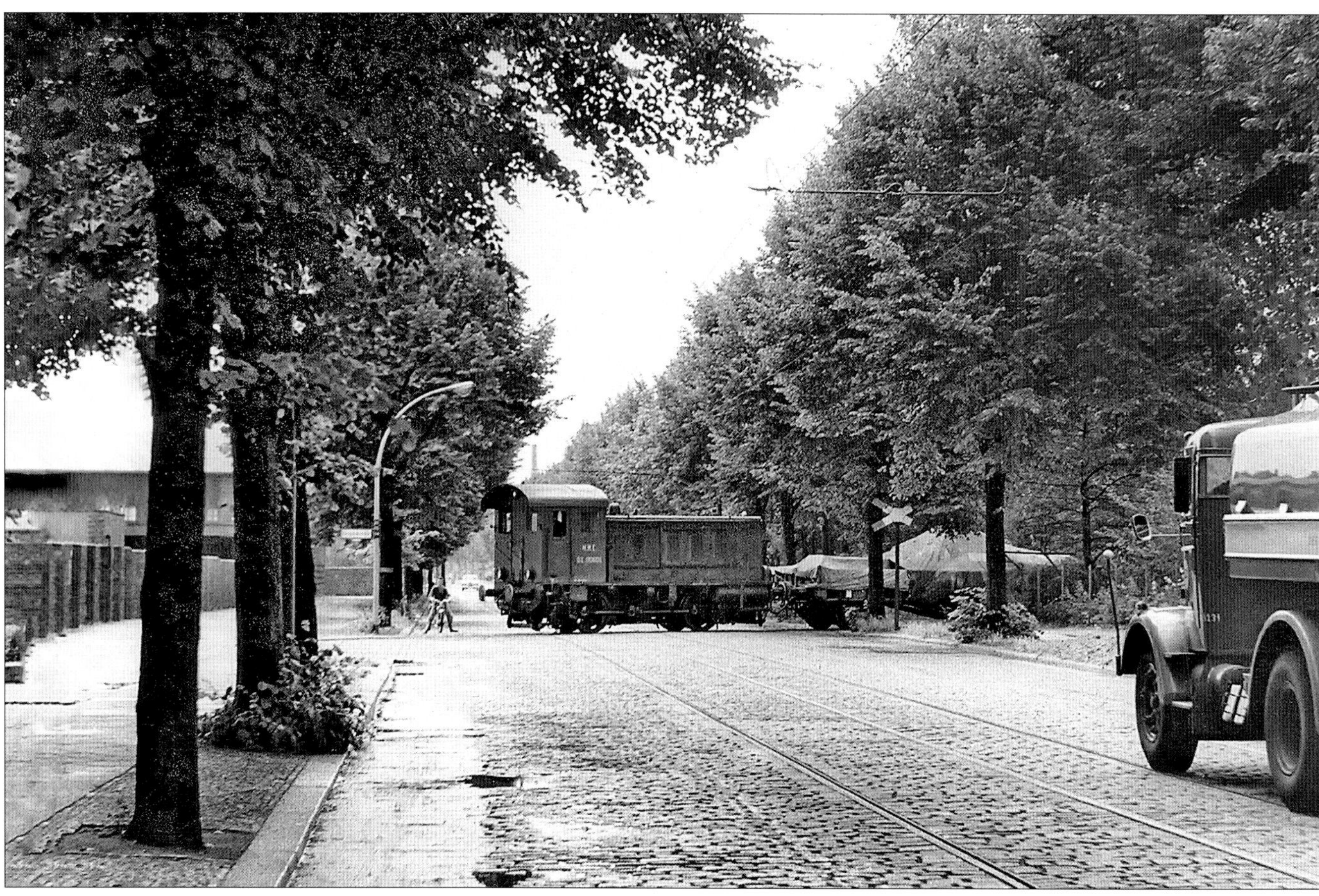

Am selben Tag quert eine der für die Wehrmacht beschafften Dieselloks der Baureihe V 20, nun als NME-DI 00601 bezeichnet, die Gottlieb-Dunkel-Straße und die Straßenbahngleise, um den Anschluss Krupp-Duckenmüller zu bedienen. Rechts wartet ein MAN-Tanklastzug.

Günter Meyer

Am 1. Mai 1959 beging die Osthavelländische Eisenbahn Berlin-Spandau (OHE-Sp) den 50. Geburtstag der in Berlin (West) verbliebenen Strecke. Obwohl man den OHE-Bahnhof Johannesstift etwas geschmückt hatte, hielt sich der Jubel in Grenzen, denn von dem einst bis Velten, Nauen und Ketzin reichenden Streckennetz und den sich hier verzweigenden Spandauer Industriebahnen waren nach 1949 nur Reste übriggeblieben. Der unrentabel gewordene Personenverkehr wurde 1950 eingestellt. Überleben konnte die Bahn dank der Anschließer auf der städtischen Industriebahn Hakenfelde. Seit 2006 firmiert das Unternehmen als Havelländische Eisenbahn AG (HVLE) und ist u. a. in den Bereichen Güterverkehr (Kalktransporte), Baulogistik, Werkstattservice und im Anschlussbahnverkehr tätig.

Wolfgang R. Reimann

Sie verläuft am östlichen Stadtrand Berlins durch eine wunderschöne Landschaft und spielt sowohl als Zubringer zur S-Bahn in Berlin-Rahnsdorf wie auch im Ausflugsverkehr eine wichtige Rolle: Die normalspurige Straßenbahn Woltersdorf. Mit einer Streckenlänge von 5,6 km zählt sie zu den kleinsten deutschen Straßenbahnbetrieben, gleichzeitig ist Woltersdorf die kleinste Gemeinde Deutschlands mit eigener Straßenbahn. Der Tw 6^{II}, hier unweit der Waldweiche auf der Fahrt nach Rahnsdorf, kam 1956 als Tw 4362 von der Berliner Straßenbahn nach Woltersdorf, wurde 1968 in Tw 10^{II} umgezeichnet und ging 1980 als historischer Triebwagen zurück nach Berlin.

Unterwegs in Berlin

Was mag in Willy Pragher vorgegangen sein, als er an diesem grauen Wintertag zu Beginn der fünfziger Jahre seine Heimatstadt Berlin besuchte? Zu dieser Zeit gab es noch einen Durchlass von West nach Ost, hier die Ostseite. Als der Ostberliner Magistrat 1949 beschloss, das Brandenburgr Tor restaurieren zu lassen und die beschädigte Quadriga durch eine Nachbildung zu ersetzen, befand sich der Fotograf noch in Kriegsgefangenschaft in Sibirien. Nun wehte anstelle der Quadriga die rote Fahne.

1953 war Tw 5260 (Typ TD, Baujahre 1907–1913) mit zwei Lowa-Neubauwagen des Typs B 50 (Ost) auf der Straßenbahnlinie 73 in Steglitz unterwegs und begegnete an der Kreuzung Schloßstraße/Ecke Hindenburgdamm einem Doppeldeckerbus D 38. Die Linie 73 war durch die Teilung Berlins unterbrochen worden und verlief durch den Ost- und Westteil der Stadt. Daher fand seit März 1949 in der Potsdamer Straße ein Schaffnerwechsel statt, wobei der in Berlin-Ost kassierende Schaffner Ostgeld und der Schaffner im Westen DM kassierte. Die mehrsprachigen Aufschriften zeigten, wer das „Sagen“ hatte.

Slg. GG (2), Günter Meyer (rechts)

Die zerstörte neuromanische Kaiser-Wilhelm-Gedächtniskirche am Breitscheidplatz inmitten der ebenso völlig zerstörten Umgebung gegen Ende der vierziger Jahre. 1954 drehte man in und um die Gedächtniskirche herum – vor dem Abriss des alten Kirchenschiffs – wesentliche Teile der herrlichen Neuverfilmung des berühmten Romans von Erich Kästner „Emil und die Detektive“ mit vielen bekannten Schauspielern, u. a. mit Günter Pfitzmann als Lehrer Bremser. Der Film ist ein faszinierendes Dokument mit Bildern der sich aus Trümmern erhebenden Stadt. Interessant ist die Gegenüberstellung mit dem Tonfilm von 1931, der als bedeutendes Werk der deutschen Filmgeschichte gilt. Emil fuhr damals von Küstrin nach Berlin, wobei vom Zug aus authentische Bilder vom alten Berlin entstanden.

Dr. Paul Wolff & Tritschler

Bei einem Spaziergang Anfang 1953 begegneten wir am Reichskanzlerplatz (später Theodor-Heuss-Platz) zufällig dem nagelneuen Straßenbahnzug 7001/2001, einem der beiden 1952 beschafften Großraumfahrzeuge. Hersteller war die Waggon-Union Berlin. Infolge der West-Berliner Verkehrskonzeption – Auflassung des Straßenbahnbetriebes – blieb es jedoch bei den Zügen 7000/2002 und 7001/2001.

Slg. GG, Günter Meyer (unten)

Der Alexanderplatz entwickelte sich in den fünfziger Jahren wieder zu einer Drehscheibe des Verkehrs, obwohl der Wiederaufbau noch lange nicht abgeschlossen war. Im Alexanderhaus eröffnete 1951 die staatliche Handelsorganisation (HO) ein Warenhaus, während in das Berolinahaus der Rat des Stadtbezirks Mitte sowie ein Postamt einzogen.

Der Stadtplan von 1952 zeigt den Verlauf der Sektorengrenze zwischen Lehrter Bahnhof und Warschauer Brücke.

Slg. Dr. Brian Rampp, Slg. Stefan Ponzlet (unten)

Am schönen 18. August 1953 erinnert am Brandenburger Tor nur der auf westlicher Seite neu angebrachte Name „Straße des 17. Juni" (bisher Chausèestraße) daran, dass zwei Monate zuvor aufgebrachte Arbeiter von der Stalin-Allee aus den Weg ins Zentrum nahmen, um dort wegen ihrer Unzufriedenheit über die wirtschaftliche und politische Situation zu demonstrieren. Die Anhebung der Normen um 10 % bedeutete für sie de facto eine zehnprozentige Kürzung ihres Lohnes. Hinzu kam die von Walter Ulbricht verkündete „Verschärfung des Klassenkampfes im Zuge des planmäßigen Aufbaus des Sozialismus". Dies bedeutete, dass man u. a. Kirchenvertreter, Hochschullehrer, Studenten usw. schärfer überwachte, Menschen mit abweichenden Meinungen den Prozess machte, die innerdeutsche Grenze abriegelte und Besuche nicht mehr gestattete. Sie werden sich sicher erinnern, liebe Leserinnen und Leser: Nur russische Panzer konnten verhindern, dass die DDR nicht nur vier, sondern 40 Jahre alt werden durfte.

Vom 25. Januar bis zum 18. Februar 1954 fand in Berlin eine Konferenz der Außenminister der Siegermächte des Zweiten Weltkriegs über „die Deutschlandfrage" statt. Millionen Menschen beiderseits des „Eisernen Vorhangs" hofften, dass man nach Stalins Tod (5. März 1953) die spürbar tiefer werdende Kluft zwischen Ost und West endlich überwinden und Wege zur Wiedervereinigung finden könne. Verhandlungsorte waren das Gebäude des Alliierten Kontrollrats und die sowjetische Botschaft in Berlin (Ost). Aber: Die Positionen waren wieder einmal unvereinbar und die Konferenz wurde ergebnislos beendet. Die Illustrierte „Revue", hier die Ausgabe vom 24. Januar 1954, erschien ab 1946 beim Kindler und Schiermeyer Verlag in München.

1958 überspannt noch das dichte Netz von Straßenbahn-Oberleitungen den einst verkehrsreichsten Platz Europas, auf dem es sehr still geworden ist. Nur ab und zu hört man eine Straßenbahn. Der am Schnittpunkt des Sowjetischen- und des Französischen Sektors gelegene Potsdamer Platz hatte seine Funktion als Straßenverkehrs-Knotenpunkt verloren. Nur wenige Meter entfernt entstand die Aufnahme unten in der Bellevuestraße. Auf dem Weg in den Ostteil der Stadt überprüfen West-Polizisten die Insassen eines VW-Kleinbusses der ersten Generation. Dieser war noch mit Flügeltüren, Ausstellfenstern, Luftschlitzen für den Motor, kleinen Rücklichtern und darin intergrierten, noch kleineren Bremslichterchen geliefert worden. Außerdem gab es zum Anzeigen der Fahrtrichtung (anstelle der elektrischen Blinker) noch den rund 20 cm langen Winker, der durch einen vom Fahrer betätigten Elektromagneten nach außen geschwenkt wurde. Slg. GG (2)

Blick aus dem KaDeWe Ende der fünfziger Jahre auf den Wittenbergplatz mit dem von Straßenbahngleisen umrundeten U-Bahnhof und die sich schließenden Trümmerlücken im Bereich der Kleiststraße. Hinten: der Turm der evangelischen Zwölf-Apostel-Kirche in Schöneberg.

GG (oben), Günter Meyer

Am 5. Juli 1952 befuhr der noch mit Rollenstromabnehmern ausgerüstete Tw 3802 auf der Linie 46 (Kupfergraben – Nordend) die stark vekrautete Südrampe des Lindentunnels, dessen Stilllegung unmittelbar bevorstand. Der im Dezember 1916 eröffnete Tunnel diente der Straßenbahn als Unterführung der Straße Unter den Linden in Berlin-Mitte und ersetzte eine höhengleiche Kreuzung. Rechts das „Maxim-Gorki-Theater“, ursprünglich die berühmte Preußische Singakademie. Nach Schließung des Tunnels nutzte ihn u. a. die Volkspolizei, vor allem aber, wie könnte es anders sein, die Stasi.

Die fast 4 km lange Frankfurter Allee ist einer der ältesten Berliner Verkehrswege. Sie war Teil der ehemaligen Reichsstraße 1 über Frankfurt (Oder) nach Ostpreußen (siehe Seite 66). Durch Luftangriffe und bei der Schlacht um Berlin erlitt die gesamte Bebauung entlang der Straße schwerste Zerstörungen. Zu Stalins 70. Geburtstag (1949) wurde sie, einschließlich der sich westlich anschließenden Großen Frankfurter Straße, in Stalinallee umbenannt. Anfang der fünfziger Jahre entstanden hier repräsentative Wohngebäude im Baustil der Stalin-Ära (Sozialistischer Klassizismus, auch „Zuckerbäckerstil"). Während des Aufbaus 1953 begannen hier die Ereignisse, die später als „Aufstand des 17. Juni" in die Geschichtsbücher eingehen sollten. Im Rahmen der Entstalinisierung vor/um 1960 erhielt 1961 der westliche Teil der Stalinallee vom Alexanderplatz bis zum Frankfurter Tor den Namen Karl-Marx-Allee und der Abschnitt bis Alt-Friedrichsfelde den klassischen, schönen Namen: Frankfurter Allee.

Der Wiederaufbau im Bereich Karl-Marx-Allee/Alexanderplatz ist durch freistehende Gebäude aus vorgefertigten Elementen geprägt, ganz links das 1959/60 entstandene Café Mockba/Moskau. Tw 3502 befuhr die Linie 11 mit einem der ab 1950 von der BVG-Ost beschafften und bei LOWA in Werdau gebauten Beiwagen des Einheitstyps B50/B51. 1967 wurden alle Straßenbahn-Linien vom Alexanderplatz entfernt und anderweitig geführt.

Slg. Wolfgang R. Reimann (4)

Am 8. September 1956 war Heinz Meyer mit seinem Fahrrad in der Albrechtstraße in Berlin-Steglitz unterwegs, um noch einige Besorgungen zu machen. Hinten das 1897/98 im Stil der Neogotik errichtete Rathaus, das hier den optischen Abschluss bildet. Ebenfalls in Steglitz entstand am selben Tag das Bild mit dem in die Schlossstraße abbiegenden Opel-Olympia der Baujahre 1950/53 und einem VW-Kleinbus. Die Schlossstraße war schon damals die Steglitzer Haupteinkaufsstraße. Der Titania-Palast war/ist eines der traditionsreichsten Kinos im gesamten Berliner Großraum. Und wer erinnert sich daran, dass die Schlossstraße als Teil der alten Berlin-Potsdamer Chaussee eine der ersten gepflasterten Straßen im Königreich Preußen gewesen ist?

Am 10. September 1956 unternahm Heinz Meyer mit seiner Familie einen Ausflug nach Potsdam. Dort fotografierte er seine Frau am Havelanleger, aber natürlich wartete er den Augenblick ab bis eine Straßenbahn die Lange Brücke passierte, die nach ihrer Sprengung im April 1945 nur noch als Behelfsbrücke bestand. Hinten: die ebenfalls schwer beschädigte Nikolaikirche, die 1830 bis 1837 nach Plänen von Karl Friedrich Schinkel (1781–1841) im klassizistischen Stil errichtet worden war und rechts davon das Kuppeldach des Alten Rathauses.

Slg. Wolfgang R. Reimann (2)

Bei ihrem Potsdam-Ausflug spazierte Familie Meyer, rechts Frau Meyer mit Tochter, auch durch den Park Sanssouci (seit 1990 UNESCO-Welterbe). Im Umfeld des Neuen Palais dokumentierte Vater Heinz die Begegnung mit russischen Soldaten in Ausgehuniformen – auch in der DDR kein alltägliches Bild! Hier befinden sich einige Fakultäten der Universität Potsdam sowie deren Präsidium und Verwaltung. Hinten: eines der beiden Communs am Campus, die dem Vorbild der Grand Commun am Schloss in Versailles nachempfunden wurden.

Günter Meyer (2)

1946 wurden in Berlin 246 Bunker (darunter 54 Hochbunker) gezählt, aber es waren wesentlich mehr. Manche konnten für friedliche Zwecke genutzt werden, bei anderen bereitete ihre Beseitigung große Probleme. Den aufgeworfenen Trümmerschutt am teilweise gesprengten Flakbunker im Humboldthain (ganz oben) decken Ende der fünfziger Jahre bereits Büsche und Bäume zu. Die Türme sind heute noch zu sehen und begehbar. Der Nordring-Zug fuhr in Richtung Gesundbrunnen. Den Reichsbahn-Bunker am Wriezener Bahnhof hatten die Russen 1953 gesprengt bzw. unbrauchbar gemacht. Das Abtragen durften die Deutschen übernehmen. Die beiden wertvollen Aufnahmen stammen von Günter Meyer, dem überaus beliebten und unvergessenen Lokomotivführer und Eisenbahnfotograf aus Aue.

Dr. Paul Wolff & Tritschler (3)

Der Flughafen Berlin-Tempelhof war einer der ersten Verkehrsflughäfen Deutschlands. Der Linienverkehr wurde 1923 aufgenommen. 1936 begannen die Arbeiten zum Bau des riesigen Flughafengebäudes. Es wird meist „übersehen", dass Tempelhof, oft als typisch nationalsozialistische Gigantomanie bezeichnet, mit seinem Verkehrsaufkommen u. a. Paris, Amsterdam und London weit übertraf und an der Spitze des europäischen Flugverkehrs stand. Aber sicher entsprachen die Ausmaße den Wahnvorstellungen Hitlers. Gemäß den Abkommen der Kriegsalliierten übernahm am 4. Juli 1945 die US-Army von der Roten Armee den in ihrem Sektor gelegenen Bezirk und Flughafen Tempelhof. Für die zur Trümmerbeseitigung beorderten Deutschen ...

… gab es bei den „Amis" immer mal was zu essen oder zu rauchen. Der Flugbetrieb wurde für die Teilnehmer der Potsdamer Konferenz/Dreimächtekonferenz (17. Juli –2. August 1945) wieder aufgenommen. Ab 1946 nutzte die USAAF (United States Army Air Forces) den Flughafen als Militärstützpunkt „Tempelhof Air Base". Ab 1950 gab es in Berlin (West) ein „Abgeordnetenhaus von Berlin" und anstelle eines Oberbürgermeisters den Regierenden Bürgermeister. Dieser bat die Amerikaner, einen Teil des Flughafens für die zivile Nutzung freizugeben. Dies gestattete der Hohe Kommissar – ab 1949 die Amtsbezeichnung des jeweils höchsten Vertreters der Westalliierten – am 1. Juli 1950. Die Abfertigungsanlage legte man für monatlich rund 20.000 Passagiere aus. Nun konnten auch Deutsche Berlin besuchen, denen es aus verschiedensten Gründen bisher nicht möglich war, denn im Bereich der Ostzone/DDR bestand in Interzonenzügen immer die Gefahr, verhaftet zu werden. Auf der linken Seite das 1951 errichtete Luftbrückendenkmal – auf Berlinerisch: die „Hungerkralle". Im September 1957 war der Parkplatz vor dem Zentralflughafen mit verschiedensten Pkw belegt, links ein Ford Taunus des Baujahrs 1956. Auf dem Flugfeld (unten) wird gerade eine der in zahlreichen Varianten hergestellten Douglas C-54 der Pan American World Airways/Pan Am auf ihren nächsten Einsatz vorbereitet, während Passagiere gemächlich zur Abfertigung schlendern. Die Maschinen hatten sogar deutsche Städtenamen, hier ist es der „Clipper Hamburg".

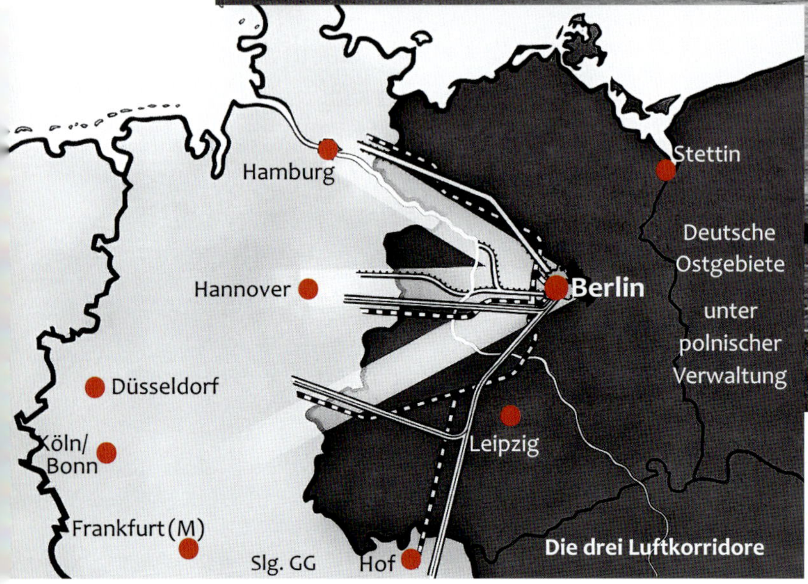

Berlin-Tempelhof im September 1957. Die herrliche Alltags-Aufnahme von Dr. Paul Wolff & Tritschler – siehe auch die Vorseiten – entstand anlässlich eines geschäftlichen Berlin-Besuches. Im Vordergrund: eine der bewährten Douglas C-54 der Pan American World Airways, die auf Langstrecken bis zu 49 Passagieren Platz boten. Als „Rosinenbomber“

Dr. Paul Wolff & Tritschler

erlangten die C-54 bei der Berliner Luftbrücke besondere Popularität. Unter dem Propeller steht eine Maschine der British European Airways. Drei Luftkorridore verbanden Berlin (West) von 1945 bis 1990 mit den westlichen Besatzungszonen bzw. der Bundesrepublik. Die Flughäfen Tempelhof und Tegel dienten den USA und Frankreich auch als Militärflugplätze. Den Militärflugplatz Gatow übergab die Rote Armee am 2. Juli 1945 an die Royal Air Force Unit Berlin (ab dem 1. August 1945 Royal Air Force Gatow). Die British European Airways nutzte ihn ab 1946 u. a. für den zivilen Flugverkehr nach Westdeutschland, bis dieser 1950 nach Tempelhof verlegt wurde.

Von den 50er Jahren in die 60er und 70er Jahre

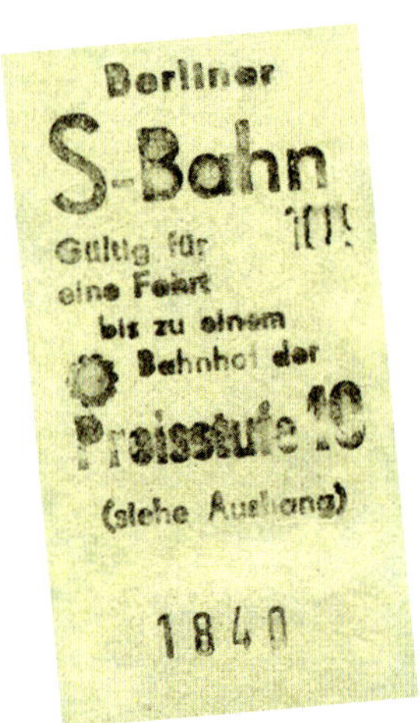

Nach dem Halt im Bahnhof Berlin Zoo querte die 01 024 am 10. Juni 1958 mit D 111 die Straße des 17. Juni (bis 1953: Chausèestraße). Auf dem weiteren Weg über die Stadtbahn durchfuhr der Zug noch die Stationen Tiergarten, Bellevue sowie den Lehrter Stadtbahnhof und passierte gleich danach die Sektorengrenze, bevor er im Bahnhof Friedrichstraße endete. Infolge dieser aus verkehrspolitischen

Gründen neu ausgerichteten Betriebsführung hatte die DDR bereits 1951/52 die großen Fernbahnhöfe Anhalter, Görlitzer, Lehrter und Stettiner Bahnhof (ab dem 1. Dezember 1950 Nordbahnhof) aufgelassen. Auf dem Mittelstreifen stand ein 1933/34 in nur 502 Exemplaren gebautes Zweisitzer-Cabriolet des Typs DKW F2 Reichsklasse, das wie alle DKW-„Frontwagen" im Audiwerk Zwickau gebaut worden war. Das gut erhaltene oder restaurierte Fahrzeug fuhr mit den beliebten Weißwandreifen. Ein wunderschönes Foto von Ulrich Montfort.

Slg. GG/GG (unten)

Ulrich Montfort

Oben links: Hochbahnhof Nollendorfplatz, hier wurde die U-Bahn zur Hochbahn. Hinten ist der Tunnel in Richtung Wittenbergplatz zu sehen. Bis zum 13. August 1961 fuhren die Züge noch in den Ostsektor Richtung Pankow (Vinetastraße), wie hier im März 1961. Danach endeten sie vor dem U-Bahnhof Potsdamer Platz. 1971 wurden die unterirdischen Gleisanlagen umgebaut und anstelle der Direktverbindung entstanden nördlich des Bahnhofs Abstell- sowie Kehranlagen. Aber bereits 1972 stellte die BVG wegen des geringen Fahrgastaufkommens auf dem Hochbahnhof Nollendorfplatz und der Strecke entlang der Bülowstraße zum Gleisdreieck den Betrieb ein.

Oben: 93 142 (preuß. T 14, Baureihe 93^{0-4}) rangiert am 10. Juni 1958 in Tempelhof. 1951 gehörte die Lok noch zum Bestand des Bw Anhalter Bf. Aber bis zum Sommer 1952 hatte die DDR die Mehrzahl der Lokomotiven aus den West-Bahnbetriebswerken abgezogen und konzentrierte die verbliebenen im Bw Grunewald, so auch die 93 142. Der am Fahrbahnrand abgestellte VW-Export des Baujahrs 1951 besaß bereits ein Synchrongetriebe und hydraulische Fußbremsen, aber noch keine Ausstellfenster. Das Faltdach war gegen einen Aufpreis erhältlich. Als Fahrtrichtungsanzeiger dienten noch elektromagnetisch betriebene, in die Fahrzeugsäule gesetzte Winker.

Links: Auch das Bw Gesundbrunnen im Berliner Norden war von der Verlegung der Dienststellen in den Ostteil der Stadt betroffen, es wurde im Juli 1952 stillgelegt. Mit einer langen Übergabe aus Richtung Bahnhof Bornholmer Straße/Pankow kommend – die letzten Wagen reichen fast bis zur Behmstraßenbrücke zurück – hatte die 93 583 (preuß. $T 14^1$, Baureihe 93^{5-12}) vom Bw Berlin-Schöneweide soeben das Bw Gesundbrunnen passiert und erreichte kurz darauf den Bahnhof Gesundbrunnen im Rücken des Fotografen. Die Aufnahme entstand von der Swinemünder Brücke aus. Die geradeaus verlaufende Strecke in Richtung Schönhauser Allee wurde bereits abgebaut. Nach dem Abbruch der Bw-Anlagen sowie des Wasserturms bis Anfang der sechziger Jahre und schließlich durch den Mauerbau wuchs das Gelände fast vollständig zu (siehe Seiten 216/217).

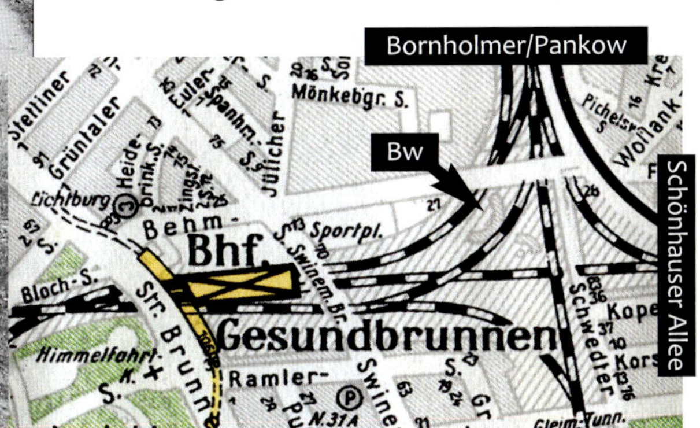

Mit dem Bundeskanzler durch Berlin — Seite 3 und 4

DER KURIER

Die Berliner Spätausgabe

Nr. 195 / 17. Jahrg. (A 4369 A) Mittwoch, 23. August 1961 20 Pf

Lage weiter verschärft

Ostberlin jetzt völlig gesperrt

Berlin (Eigener Bericht) — Durch einen neuen Willkürakt der Zonen-Machthaber wurde Ostberlin jetzt völlig vom freien Teil der Stadt isoliert. Heute morgen um 1 Uhr schloß die Vopo sechs von den noch bestehenden zwölf Übergängen zum sowjetischen Sektor. Drei Übergänge sind für Bewohner Westberlins, zwei für Besucher aus der Bundesrepublik und ein Übergang für Ausländer einschließlich alliierter Soldaten und Diplomaten bestimmt. Westberliner dürfen nur mit einer Aufenthaltsgenehmigung für Ostberlin passieren.

In einer offiziellen Bekanntmachung des Pankower Innenministeriums heißt es: „Anträge zum Besuch der Hauptstadt und der Bezirke der Deutschen Demokratischen Republik

Feuergefecht

Neuer Übergriff der Vopo in Reinickendorf

Berlin — In bedrohlicher Situation standen sich in der letzten Nacht zwölf mit Pistolen bewaffnete Vopos und ein Einsatzkommando der Westberliner Polizei an der Sektorengrenze in der Kopenhagener Straße in Reinickendorf gegenüber. Die Ostberliner Polizisten waren auf Westberliner Gebiet vorgedrungen und zogen sich erst zurück, als der Leiter eines sofort alarmierten Einsatzkommandos sie zum Rückzug vom Westberliner Gebiet aufforderte.

Gegen 3.20 Uhr waren an der Kopenhagener Straße östliche Polizeikommandos mit Arbeitern aufgetaucht, die unter Bewachung die Sperrmauer aufrichten mußten. Zwölf der Bewacher bewegten sich dabei ungeniert auf Westberliner Gebiet, was den Reinikkendorfer Grenzpolizisten veranlaßte, Alarm zu geben.

Als das Westberliner Einsatzkommando anrückte, gab es einige spannende Minuten. Würde es zu einer bewaffneten Auseinandersetzung kommen? Die Vopos zogen sich jedoch zurück, nachdem sie auf die Grenzverletzung aufmerksam gemacht worden waren des freien Berlin widerrechtlich verletzt, wobei sogar Personen auf Westberliner Gebiet festgenommen und nach Ostberlin oder in die Zone gebracht wurden. Desgleichen ist verschiedentlich vom Ostsektor aus auf Westberliner Gebiet geschossen und dadurch Leben und Eigentum von Westberliner Bürgern bedroht worden.

Der Senat wies ferner mit Nachdruck die Anmaßung sowjetzonaler Stellen zurück, darüber befinden zu wollen, wer sich auf Westberliner Seite der Sektorengrenze nähern darf oder nicht.

Die Zonen-Polizei hat außerdem gestern nachmittag vier Ameri-

Bis zum Bau der Berliner Mauer am 13. August 1961 waren – trotz aller politischen Befindlichkeiten zwischen den Siegermächten und des Volksaufstands am 17. Juni 1953 – die Sektorengrenzen noch offen, und die Bevölkerung Berlins oder ihre Besucher konnten von Ost nach West oder von West nach Ost gehen. Aber selbstverständlich mussten stets Pässe oder sonstige Papiere mitgeführt werden, um sich bei Kontrollen ausweisen zu können.

Die Sorgen der Menschen in der DDR wie auch im Ostteil Berlins, die mit den herrschenden politischen und wirtschaftlichen Verhältnissen nicht einverstanden waren, fanden ihren Ausdruck im 17. Juni 1953 sowie in rund 3,5 Millionen Menschen, die bis zum Bau der Berliner Mauer am 13. August 1961 aus der Sowjetischen Besatzungszone/DDR bzw. den Ostsektoren Berlins geflohen waren – am 12. August 1961 kamen noch 3.190 hinzu!

Auf einer internationalen Pressekonferenz in Berlin-Ost am 15. Juni 1961 stellte die Journalistin Annamarie Doherr von der Frankfurter Rundschau an Walter Ulbricht die Frage: *„Herr Vorsitzender, bedeutet die Bildung einer freien Stadt ihrer Meinung nach, dass die Staatsgrenze am Brandenburger Tor errichtet wird? Und sind sie entschlossen, dieser Tatsache mit allen Konsequenzen Rechnung zu tragen?"* Darauf Ulbricht: *„ Ich verstehe ihre Frage so, dass es Menschen in Westdeutschland gibt, die wünschen, dass wir die Bauarbeiter der Hauptstadt der DDR mobilisieren, um eine aufzurichten, ja? Ääh, mir ist nicht bekannt, dass eine solche Absicht besteht, da sich die Bauarbeiter in der Hauptstadt hauptsächlich mit Wohnungsbau beschäftigen und ihre Arbeitskraft dafür voll ausgenutzt wird. Niemand hat die Absicht, eine Mauer zu errichten (…)"* Sie sehen, liebe Leserinnen und Leser, Walter Ulbricht selbst war der erste, der den Begriff „Mauer" verwendete und diesen mit dem Segen der Sowjets dann auch umsetzte.

Voller Sorge schauen die Menschen im Tw 3603, hier in der Köpenicker Straße nahe der Schillingbrücke, auf die Stacheldrahtrollen, die seit dem Vortag – dem 13. August 1961 – ihre Stadt, ihre Straßen und Häuser trennen. Doch niemand konnte sich im entferntesten vorstellen, dass dies erst der Anfang war. Vier Wochen später wurde die Linie 1 in diesem Abschnitt wegen der Nähe zur Mauer stillgelegt.

Zeitung Slg. Stefan Ponzlet, Straßenbahn Wolfgang R. Reimann

GG (2)

Zwischen den Bahnhöfen Bornholmer und Wollankstraße verlief ab 1945 – exakt parallel zur Bahntrasse – die sowjetisch-französische Sektorengrenze und nach dem 13. August 1961 die Mauer. Hinter dem 4 m hohen Grenzzaun passiert eine Lok der Baureihe 52 den geschlossenen Bahnhof Bornholmer Straße mit einem Güterzug in Richtung Pankow, aufgenommen von der Bösebrücke, der ersten genieteten Stahlbrücke Berlins. Damit ich das Foto aufnehmen konnte, begleitete mich ein freundlicher Westpolizist bis zu der weißen Linie, die etwa in Brückenmitte den genauen Grenzverlauf anzeigte. Auf der Ostseite befand sich der Straßenübergang für West-Berliner und Bundesbürger.

Der Bahnhof Wollankstraße an der Berliner Nordbahn bildete eine Ausnahme im geteilten Berlin. Direkt an der Sektorengrenze gelegen, gehörte sein Empfangsgebäude zum Ost-Berliner Bezirk Pankow, seine Gleise waren jedoch in das westliche S-Bahn-Teilnetz eingebunden, von wo aus man ihn ohne Kontrolle benutzen konnte. Seine östlichen Zugänge waren versperrt. Der Bahnhof Bornholmer Straße wurde ohne Halt durchfahren.

GG (3)

Nach allem, was bereits geschehen ist, was unschuldigen Menschen in der Ostzone/DDR nach 1945 bereits zugefügt worden war und was nach dem 13. August 1961 noch geschehen sollte, erübrigt sich die Diskussion darüber, welche Seite das Wort „Demokratie“ zu Unrecht im Namen führte. Die Mauer vollendete die Teilung Berlins und vertiefte die Teilung Deutschlands. Sie trennte nicht nur Gehwege, Straßen, Häuser, Eisenbahnen, Straßenbahn- und Omnibuslinien, sondern zerstörte vieles von dem, was der Zweite Weltkrieg übrig gelassen hatte bzw. was inzwischen wieder aufgebaut worden war. Und vor allem trennte die Mauer die Menschen! Sie war die Vollendung einer unheilvollen Entwicklung, die im Januar 1933 begonnen hatte. Der „Eiserne Vorhang“ entlang der innerdeutschen Grenze verlief nun auch mitten durch Berlin – und das schier endlose 29 Jahre lang.

Die Aufnahmen vom Potsdamer Platz 1964 stehen stellvertretend für ganz Berlin. Oben: der Blick zum Reichstag mit dem geschlossenen Zugang zum S-Bahnhof Potsdamer Platz und rechts, nur durch eine leichte Drehung, der Blick dorthin, wo einst der Potsdamer Bahnhof stand. Vom Haus Vaterland mit dem charakteristischen Rundbau blieb nur die leere Hülle erhalten und vom Anhalter Bahnhof erkennt man gerade noch den Portikus. Der provisorische Charakter der ersten Form der Grenzanlagen täuscht darüber hinweg, dass diese viele Menschenleben forderten. Mauer und Todesstreifen waren Armutszeugnisse der Machthaber in der DDR, und in den vielen spektakulären Fluchten zeigte sich der natürliche Wille der Menschen, sich aus den Zwängen der Diktatur zu befreien.

In seiner berühmten Rede vom 26. Juni 1963 vor rund 450.000 Menschen vor dem Schöneberger Rathaus meinte US-Präsident John F. Kennedy u. a.: *„Ein Leben in Freiheit ist nicht leicht, und die Demokratie ist nicht vollkommen, aber wir hatten es nie nötig, eine Mauer aufzubauen, um unsere Leute bei uns zu behalten. Die Mauer ist die abscheulichste und stärkste Demonstration für das Versagen des kommunistischen Systems.“*

Anhalter Bahnhof

Wolfgang R. Reimann (4)

Rudow, im Süden des Bezirks Berlin-Neukölln gelegen, kam 1945 zum amerikanischen Sektor. Infolge der Abgrenzung West-Berlins durch die DDR kam Rudow in eine verkehrsungünstige Randlage. Nachdem der Bahnhof der Neukölln-Mittenwalder Eisenbahn-Gesellschaft (NME) 1948 Endbahnhof wurde und der Personenverkehr 1955 eingestellt worden war, …

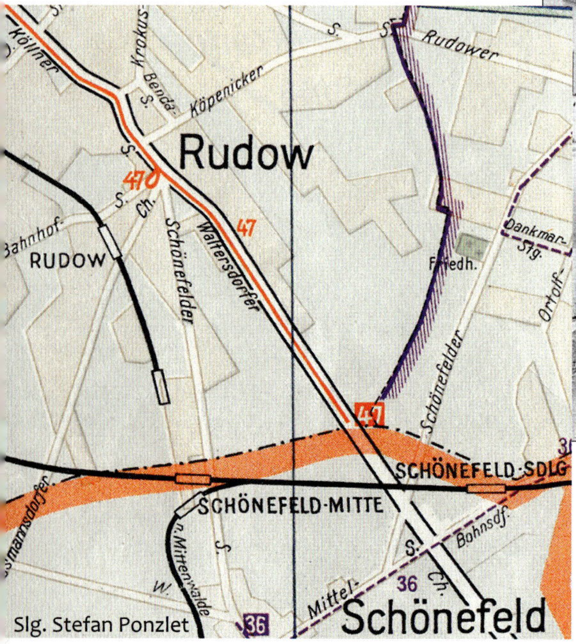

Slg. Stefan Ponzlet

… blieb nur noch die Straßenbahn. Diese verband Rudow ab 1913 durch die von Niederschönhausen kommende Linie 47. Die Karte zeigt die unterbrochenen Strecken an der Grenze zur Ostzone/DDR (violette Linie = Sektorengrenze). Am 30. September 1966 wurde auch die Straßenbahn eingestellt und durch die Buslinie 41 ersetzt. Die seltenen Fotos von Wolfgang R. Reimann mit den Tw 3737/3738 entstanden am 12. August 1963 in Rudow. Die Verkehrssituation in Rudow verbesserte sich 1972 durch die Anbindung an das Berliner U-Bahn-Netz.

Die Ecke Eberswalder Straße/Oderberger Straße am 14. Juni 1966. Eine Aussichtsplattform ermöglichte den Blick über die Mauer hinweg in die Eberswalder Straße, an deren Ende der sowjetische unmittelbar an den französischen Sektor grenzte. Die Straßenbahnlinie war eine der ersten, welche die Kommune ab dem 1. Juli 1908 auf eigene Rechnung betrieb und die zunächst zwischen Stettiner Bahnhof und Landsberger Allee verkehrte. Im Dezember 1951 wurde aus der Haltestelle Eberswalder Straße/Oderberger Straße eine Endstation, an der die BVG-Ost 1963 eine Wendeschleife einrichtete. Auf der Straße vor dem Tor sind die zugeteerten Gleise der gekappten Linie zu sehen. An die Eberswalder/Oderberger Straße schließt sich die Bernauer Straße an (unten), die nach dem 13. August 1961 durch gewagte Fluchten wochenlang Schlagzeilen machte, als aus den auf der Ostseite stehenden Häusern viele verzweifelte Menschen auf die zum Westen gehörende Straße/Bürgersteige zu gelangen versuchten. Da Haustüren und Fenster der Gebäude im Erdgeschoss bereits fest verrammelt waren, konnten die Menschen nur über die ersten, zweiten und schließlich dritten Stockwerke flüchten, wobei die West-Feuerwehren mit Sprungtüchern zu Hilfe kamen. Bis zum Herbst 1961 waren die Gebäude zwangsgeräumt, zugemauert und bis 1963 abgebrochen. An der Ecke Wolliner Straße war die Fahrt der Straßenbahn der Linie 2 zu Ende, hier im April 1962. Die Mauer verlief rechts sowie im Rücken des Fotografen.

Von der Westseite aus gesehen, stand dieses „Wachtürmchen“ im Frühling 1964 links des Brandenburger Tores, zur Ostseite hin war es durch frisch gepflanzte Bäume abgeschirmt. Von den Wachsoldaten war kaum etwas zu sehen, aber natürlich beobachteten sie den Fotografen. Vielleicht beneideten sie mich um meine Bewegungsfreiheit? Nur wenige Gehminuten entfernt hatte am Potsdamer Platz der neue VW-„Rollschildwagen“ des West-Berliner Senats und RIAS (Rundfunk im amerikanischen Sektor) Aufstellung genommen. Das „Studio am Stacheldraht“ (SAS) übertönte mit einer 5000-Watt-Sendeanlage die DDR-Lautsprecher, die daraufhin abgebaut wurden.

Nach der Stilllegung am 17. Mai 1952 und dem Abbau des Stettiner Bahnhofs (ab 1950 Nordbahnhof) blieb zu Beginn der sechziger Jahre nur der Stettiner Vorortbahnhof übrig, der seine Funktion 1936 nach Eröffnung des unterirdischen S-Bahnhofs verloren hatte. Die Bahnsteige wurden abgebaut und durch zusätzliche Abstellgleise für das S-Bahn-Bw ersetzt. Nach dem 13. August 1961 gehörte das von der DDR-Reichsbahn genutzte Gebäude zum Grenzbereich der nun vollends geteilten Stadt. Trotz des hier strengen Fotografierverbotes gelang mir diese Aufnahme vom Beifahrersitz eines Trabant P50 aus, in dem wir auf das Gebäude in der Zinnowitzer Straße zufuhren.

Blick aus einem S-Bahn-Zug auf der Ostseite während der Fahrt vom Bahnhof Friedrichstraße zum Lehrter Stadtbahnhof, hier etwa in Höhe des einst dichtbebauten Gebietes/Bereiches Luisenstraße/Marienstraße/Schiffbauerdamm. Unter den wenigen erhaltenen Gebäudetorsos befand sich u. a. der schöne Portikus vor der mächtigen Kulisse des Reichstags auf der Westseite. Gleich wird der ET 165 in weitem Bogen den Humboldthafen queren, der hier die Grenze bildet und auf dessen eingeebneter Ostseite sich Mauer und Todesstreifen wie eine böse Schlange durch die Stadt winden, um dann in den Lehrter Stadtbahnhof einzufahren. GG (4)

Wolfgang R. Reimann

Berlin – Potsdam, die erste Eisenbahnstrecke Preußens, war durch die Sprengung der Teltowkanalbrücke bereits seit April 1945 nicht mehr bis Potsdam befahrbar. Da die von den Alliierten festgelegte Sektoren-/Zonengrenze zwischen Düppel und Griebnitzsee meist auf dieser Strecke verlief, verkehrten die Züge von/zur Stadtbahn über Grunewald/Wannsee. Nur den rund 2,2 km langen Abschnitt Zehlendorf – Düppel-Kleinmachnow bediente ab 1948 die S-Bahn, um den in Randlage geratenen Menschen weiterhin Anschlüsse zu bieten. Der Kartenausschnitt auf der rechten Seite zeigt die Situation Mitte der sechziger Jahre, nachdem am 13. August 1961 der Mauerbau zur totalen Abgrenzung geführt hatte. Kurz danach entstand in der damals noch besetzten Station Düppel das Bild mit dem Triebzug der Baureihe 169, den man durch die Anpassung an die Baureihe 165 nur an seiner Dachform sowie an Türen und Fenstern als Bauart „Bernau" erkannte. Infolge des Reichsbahnerstreiks 1980 wurde die S-Bahn Zehlendorf – Düppel eingestellt.

GG (2)

Welche Gedanken mögen die alte Dame auf der Bank vor der Glienicker Brücke an diesem schönen Sommertag des Jahres 1958 bewegt haben? Erinnert sie sich an ihre Jugendtage, als hier das Leben noch in normalen Bahnen verlief, ohne Sektorenschild und Postenhäuschen? Als man hier noch bedenkenlos baden und danach in einem der netten Lokale „Berliner Weiße mit Schuss" trinken konnte? Die Glienicker Brücke ist wie das Brandenburger Tor ein Symbol der Teilung Deutschlands. Berühmt wurde sie u. a. durch Agentenaustausche zwischen Ost und West.

Slg. Stefan Ponzlet

Am 21. April 1960 bespannte die 03 042 vom Bw Ostbahnhof (Ostbf) im Bahnhof Berlin-Lichterfelde West einen US-Militärzug, um ihn über den Zonengrenzübergang Marienborn nach Helmstedt zu befördern. 1947 hatte die Berlin-Brigade der US-Army Lichterfelde West zum Militärbahnhof umfunktioniert und nutzte ihn bis 1993 zum Transport ihrer Soldaten bzw. als Versorgungsstation. Hier standen viele Jahre lang Transport-Begleitwagen der Gattung Pwghs in Bereitschaft, die bei der Bundesbahn eingestellt waren. Die 03 042 war bis Januar 1945 im Bw Königsberg (Pr.) stationiert und wurde als eine der ersten Rückführloks im Bw Güstrow in Mecklenburg abgestellt. Nach Kriegsende übernahm sie die DR-Ost in ihren Bestand. 1968 stellte man sie beim Bw Wittenberge ab und musterte sie 1974 aus.

Slg. Dr. Brian Rampp (2)

Am 27. Mai 1965 querte ein S-Bahn-Zug bei Nikolassee/ Wannsee die Autobahn – ganz ohne Straßenfahrzeuge. Heute wäre ein solches Foto tagsüber wohl nicht mehr möglich. Beim Bahnhofsnamen in Tannenbergschrift hatte man, um „Nikolassee“ besser lesen zu können, nur das zweite „s“ in dieser Schriftart verwendet.

VT 137 034 der DDR-Reichsbahn am 27. Mai 1965 als Personalzug bei Berlin-Nikolassee. Die fünf Triebwagen dieser 1934 bei MAN gebauten Serie (137 031–035) hatte man erstmals mit Mitteleinstiegen ausgestattet, um im Ruhrgebiet – wofür diese Fahrzeuge vorgesehen waren – den Fahrgastwechsel beschleunigen zu können. Vier Triebwagen überstanden den Zweiten Weltkrieg und fanden sich in der sowjetischen Besatzungszone wieder. Der VT 137 034 war u. a. in Grunewald und Seddin stationiert.

GG (5)

Nur wenige Meter vom Standpunkt des VT 137 034 entfernt, entstand ebenfalls am 27. Mai 1965 die Aufnahme mit der 01 504 vor einem Interzonenzug. Trotz der in den fünfziger und sechziger Jahren angelaufenen Beschaffung großer Serien von Diesel- und elektrischen Lokomotiven konnten sowohl die Bundesbahn als auch die Reichsbahn noch lange nicht auf Dampflokomotiven verzichten. Im Rahmen ihres Rekonstruktionsprogramms baute die Reichsbahn 35 Loks der Baureihe 01 vollständig um, wobei sie auf die speziellen Gegebenheiten bzw. Erfordernisse in der DDR Rücksicht nahm. Die 01 504 entstand im Oktober 1962 aus der 01 224. In ihr hatte man die endgültige Form der nunmehrigen Baureihe 01^5 gefunden und führte nun die entsprechenden Umbaumaßnahmen ab 1963 bei den anderen Loks durch. Die 01 504 wurde mit Boxpok-Radsätzen ausgerüstet, die dank ihrer aus einem Stück gegossenen Doppelscheiben-Hohlkonstruktion für die Aufnahme hoher Achslasten bei großen Raddurchmessern besser geeignet schienen als herkömmliche Speichenräder. Entworfen/konstruiert wurden die Boxpok-Radsätze von der Versuchs- und Entwicklungsstelle Maschinenwirtschaft (VES-M) Halle in Zusammenarbeit mit dem VEB-Radsatzwerk Ilfenburg (Harz) und dem VEB Stahlwalzwerk Gröditz. Die großen Hoffnungen bezüglich der neuen Radsätze erfüllten sich jedoch nicht. Als einzige Lok ihrer Baureihe besaß die 01 504 einen Giesl-Ejektor (Flachschornstein), der einen besseren Saugzug und dadurch eine bessere Energieausnutzung bewirkte. Im Februar 1965 erhielt die 01 504 eine Ölfeuerung, dabei entfernte man wohl auch den seitlichen Zierstreifen, den sie bis dahin getragen hatte.

Bei dem Attentat am 22. November 1963 in Dallas wurde der in Deutschland überaus beliebte US-Präsident John F. Kennedy von Gewehrschüssen tödlich getroffen. Viele Sonderausgaben erinnerten an seinen erst fünf Monate zurückliegenden dreitägigen Besuch im geteilten Deutschland bzw. im geteilten Berlin am 26. Juni 1963. „*Alle freien Menschen, wo immer sie leben mögen, sind Bürger Berlins, und deshalb bin ich als freier Mensch stolz darauf, sagen zu können – ich bin ein Berliner!*“ Man kann heute wohl kaum noch nachempfinden, was dieser Satz aus seiner berühmten Rede vor dem Schöneberger Rathaus für die Menschen bedeutete, vor allem für die, die damals dabei waren.

52 2545

V60 1284

GG (4)

Linke Seite oben: Ursprünglich waren die in vereinfachter Form gebauten Lokomotiven der Baureihe 52 nur für den Kriegseinsatz vorgesehen. In nur zweieinhalb Jahren wurden zwischen 1942 bis Kriegsende über 6.000 gebaut und danach zahlreiche weitere. Infolge der Kriegsereignisse verbreiteten sie sich in fast ganz Europa und bildeten danach in zahlreichen Ländern das Rückgrat der Zugförderung. Vor allem natürlich in Deutschland. Ohne die 52er wäre die Wiedereinführung des planmäßigen Reiseverkehrs wohl nicht möglich gewesen. Eine große Zahl verblieb im Bereich der Sowjetischen Besatzungszone/DDR bei der DR-Ost, so z. B. die noch weitgehend im Originalzustand befindliche 52 2545 vom Bw Wustermark, hier im Sommer 1964 mit einem Güterzug auf der Wannseebahn. Da die Reichsbahn auf diese Lokomotiven noch nicht verzichten konnte, unterzog sie viele von ihnen einer aufwendigen Generalreparatur, durch die viele kriegsbedingte Vereinfachungsmaßnahmen behoben wurden.

Linke Seite unten: Im Verlauf der sechziger Jahre stellte die Reichsbahn der DDR die im Westen Berlins verbliebenen Güterzugleistungen schrittweise von Dampf- auf Diesellokomotiven um. Die bereits 1960 beschafften V 60^{10-11} wurden ab 1964 durch die verbesserten bzw. verstärkten V 60^{12} ergänzt, deren Serienfertigung das frühere AEG- und nunmehr als VEB Lokomotivbau und Elektrotechnische Werke „Hans Beimler" bezeichnete Unternehmen in Hennigsdorf übernahm. Die Lokomotiven erhielten eine für den Rangierdienst auffälligere orange Lackierung mit elfenbeinfarbenen Zierstreifen. Am 29. Mai 1965 beförderte die neue V 60 1284 einen Leerzug vom Kraftwerk Rudow über den Südring und ist soeben im Bahnhof Halensee angekommen.

Oben: Früher nur Stadtbahnhof, mutierte der Bahnhof Berlin Zoologischer Garten nach der Schließung der Kopfbahnhöfe zum einzigen Fernbahnhof West-Berlins. Wer z. B. von Helmstedt nach Berlin reiste, stieg im Bahnhof Zoo aus oder im Endbahnhof Friedrichstraße. Die 03 154 hatte am 5. Oktober 1967 den D 343 (mit dem Autor) nach Berlin gebracht. Nur die Betriebsnummer erinnerte noch daran, dass sie in den dreißiger Jahren der Deutschen Reichsbahn-Gesellschaft als Versuchslok für Stromlinienverkleidungen gedient hatte.

Friedrich-List-Ufer
Invalidenstraße

GG (3)

Am 30. Mai 1965 aus Richtung Bahnhof Zoo kommend, hatte die 01 050 mit einem Interzonenzug soeben den Lehrter Stadtbahnhof durchfahren (links) und überquerte gleich danach die Straße „Friedrich-List-Ufer“ mit Pkw der Marken (von links) Renault Major, Opel-Rekord Coupe, VW-Export, Ford 12 m-Caravan (B-EJ 131) sowie je einem VW-Lieferwagen- und Kleinbus. Augenblicke später passierte der Zug die rund 240 m lange, gekrümmte Brücke über den Humboldthafen, deren Konstruktion hier besonders gut zu sehen ist. Auf ihr verlief ab Sommer 1945 die Grenze zwischen dem britischen und sowjetischen Sektor und gleich auf der gegenüberliegenden Seite erkennt man die unmittelbar an der Sektorengrenze/Mauer stehenden, bereits zum Osten gehörenden Gebäude der Charité. Exakt am Brückenende – kurz vor dem Bahnhof Friedrichstraße, der Endstation für Interzonenzüge aus westlicher Richtung – befand sich auf der Signalbrücke der erste Wachposten bzw. der letzte von Osten gesehen. Hinter der Lok eingestellt waren u. a. ein Bautzener Wagen der Reichsbahn der DDR sowie ein polnischer und ganz links ein französischer Schnellzugwagen.

Linke Seite oben: Wenig später bog dieser Mercedes-Benz-Allrad-Kurzhauber des Typs L 710 der West-Berliner Polizei (Militärausführung) aus der Straße „Friedrich-List-Ufer“ in die Invalidenstraße ab. Das Fahrzeug wurde als GKW (Gerätekraftwagen) eingesetzt.

Liebe Leserinnen und Leser, wenn Sie heute den nach 1990 von Grund auf renovierten Bahnhof Friedrichstraße betreten, können Sie sich kaum noch vorstellen, welche Atmosphäre bis 1989 in seinen stickigen und spitzelverseuchten Hallen herrschte. Nach dem 13. August 1961 musste man, um in den Ostteil Berlins zu gelangen, durch ein katakombenähnliches Untergeschoss gehen und alle erdenklichen Unannehmlichkeiten über sich ergehen lassen – aber immerhin, von West nach Ost war es möglich, den „Tränenpalast" zu passieren, so auch am 30. Mai 1965. Versöhnlich stimmte der Blick von der Spreebrücke. Wie einst in vielen größeren Bahnhöfen gab es auch hier ein Bahnpostamt – sogar mit Rohrpost. Dieses pneumatisch arbeitende Rohrpostsystem eignete sich besonders zum schnellen Versand von Telegrammen, von aktuellen Nachrichten für Zeitungen/Pressefotos, für Unternehmen usw. Auch die Reichsbank und das Hotel Adlon waren an das Berliner Rohrpostleitungsnetz angeschlossen, das 1940 mit einer Länge von 400 km seine größte Ausdehnung erreichte und über fast 80 Post- und Telegraphenämter rund acht Millionen Sendungen jährlich beförderte. Im Februar 1963 endete der verbliebene Rohrpostdienst in West-Berlin, in Ost-Berlin wurde er hingegen bis 1976 fortgeführt (siehe den Postbeitrag ab Seite 152 ff).

Durch die Umgehung West-Berlins war der Ostbahnhof praktisch zum Kopfbahnhof geworden, alle von Osten einfahrenden Züge mussten auch nach Osten wieder abgefahren werden. Am 30. Mai 1965 war die damals noch kohlegefeuerte 03 1020 mit einem D-Zug im Ostbahnhof angekommen und befand sich auf der westlichen Seite außerhalb der Bahnsteighalle. Hinten steht das ehemalige Betriebsgebäude des Unternehmens Julius Pintsch, einst einer der größten Hersteller für Beleuchtungstechnik und von Bahnzubehör. In die Wagengarnitur der 03 1020 war u. a. dieser ehemalige ISG-Speisewagen eingereiht, der mit weiteren Wagen dieses Typs nach dem Zweiten Weltkrieg im Bereich der DR-Ost verblieb.

Unten: Bei den Personalen beliebt waren die DR-Neubaulokomotiven der Baureihe 23^{10}. Die 23 1049, hier am 2. Oktober 1967 mit einem Personenzug im Ostbahnhof, war zum Zeitpunkt der Aufnahme im Bw Lichtenberg stationiert und ab Juli 1970 im Bw Ostbahnhof, bevor sie im März 1972 Berlin in Richtung Riesa verlassen musste.

GG (6)

Wie bei der Bundesbahn im Westen Deutschlands setzte auch bei der Reichsbahn im Osten der Strukturwandel in der Zugförderung mit modernen Dieselloks ein. 1959 lieferte der VEB „Karl Marx“ in Babelsberg (vormals Orenstein & Koppel) mit der V 180 001 die erste Lok der Baureihe V 180. Die V 180 009 wurde am 14. Dezember 1964 in Dienst gestellt. Knapp drei Jahre später stand sie abfahrbereit vor einem Reisezug im Ostbahnhof. In dessen Vorfeld an der Warschauer Straße entstand die Aufnahme unten. Die Schnellzuglokomotiven der Baureihe 03^{10} des Bw Stralsund beförderten die D-Züge Stralsund – Berlin über Pasewalk und Neustrelitz, hier war es am 1. Oktober 1967 die 03 1077, die 1957 einen Nachbaukessel und im Juli 1966 eine Ölfeuerung erhalten hatte. Der parallel fahrende S-Bahn-Zug der Baureihe ET 167 fuhr nach Erkner, während die 52er mit einem Güterzug im Wriezener Güterbahnhof die Ausfahrt erwartete. GG (2)

Zwischen Ende 1945 und 1951 wurde der im Krieg schwer beschädigte Bahnhof Alexanderplatz wieder aufgebaut. Aber von 1962 bis 1964 wollte man den Bahnhof dem erwünschten „sozialistischen Stadtbild“ anpassen, indem man Stirn- und Seitenwände der Bahnsteighalle vollständig verglaste und den Unterbau zur Straße hin mit Granit verblendete. Die Aufnahme von 1967 zeigt einen einfahrenden S-Bahn-Zug und vorne einen Wartburg 312 der Baujahre 1965–1967.

Für die Fahrten vom Ostbahnhof zum Abstellbahnhof Rummelsburg musste in der Regel die Zuglokomotive den Wagenpark umfahren und rollte mit diesem dann Tender voraus nach Rummelsburg. In umgekehrter Richtung verlief es ebenso. Die für einen Zug vorgesehene Lok holte Tender voraus ihre Wagen im Rummelsburg ab, dampfte mit ihnen zum Ostbahnhof, umfuhr sie und setzte sich dann davor. Hier ist es die 03 150, die am 1. Oktober 1967 in Rummelsburg die Breitprofilwagen eines sowjetischen Militärreisezuges (ein sogenannter „Gardinenzug“) abholte.

GG (3)

Laut RGW-Beschluss (Rat für gegenseitige Wirtschaftshilfe) sollten in der DDR keine Diesselloks höherer Leistung mehr gebaut werden – ein harter Schlag für den DDR-Lokomotivbau. Im Herbst 1966 kamen aus der Sowjetunion die ersten dieselelektrischen „Taigatrommeln“ der Baureihe V 200 zur Reichsbahn, schließlich waren es ca. 300 Lokomotiven. Am 1. Oktober 1967 passierte eine dieser Loks mit einem Zementzug die Brücke in Berlin Greifswalder Straße.

38 4009

DR

GG (4)

Linke Seite oben: Bis zum Ende der sechziger Jahre hielten sich im Berliner Vorortverkehr noch zwei dampfbetriebene Strecken. Die bewährten Lokomotiven der Baureihe 38^{10-40} (pr. P 8) beförderten u. a. Reise- und Güterzüge auf dem Berliner Außenring sowie S-Bahn-Züge auf der Strecke Berlin – Werneuchen – Wriezen. Dort war im Winter 1968 die Wriezener 38 4009 eingesetzt, die mit ihren kurzgekuppelten, speziell für diese Dienste rekonstruierten Wagen in Ahrensfelde einen Halt einlegte.

Linke Seite unten: Zwischen Berlin und Erkner verkehren elektrische S-Bahn-Züge. In Erkner musste zur Weiterfahrt nach Fürstenwalde umgestiegen werden und zwar in kurzgekuppelte S-Bahn-Abteilwagen (Gattung C 3 Pr02), die 1906/07 für den Vorortverkehr in Berlin gebaut worden waren und die man nach der Umstellung auf elektrischen Betrieb in den normalen Personenzugdienst übernahm. Die DR der DDR nahm an ihnen nach und nach Änderungen vor: Die Wendler-Sauger waren teilweise abgebaut und jede zweite Tür wurde stillgelegt, dementsprechend verkürzte man die unteren Trittbretter. Planmäßig befördert wurden die Züge von Loks der Baureihe 62 vom Bw Berlin Ostbf (hier 62 007), aber auch von Güterzugloks der Baureihe 52.

Oben: Die systematischen Absperrmaßnahmen der DDR zur Isolierung West-Berlins hatten für den Eisenbahnverkehr einschneidende Folgen, da die Zugläufe im Binnenverkehr der Reichsbahn nun weit um West-Berlin herumgeführt werden mussten. Von dort aus gab es ab 1952 keine Reisezüge mehr. Der Kartenausschnitt aus dem „Atlas für Motortouristik“ der DDR von 1977 zeigt, wie der klassische Weg ins Zentrum über Mahlow/Lichtenrade gebrochen wurde. Mit einem Schnellzug aus Dresden kommend, passierte die 01 120 den Bahnhof Rangsdorf und wurde dann über den südlichen Außenring und das Grünauer Kreuz in den Ostteil Berlins geführt. Fotografieren in Rangsdorf war nicht ungefährlich wegen des nahen, von den Sowjets belegten Militärflugplatzes. Fotos von hier waren mir jedoch wichtig, denn von Rangsdorf aus starteten am 20. Juli 1944 Oberst Claus Schenk Graf von Stauffenberg und sein Adjutant Werner von Haeften zum Führerhauptquartier Wolfsschanze bei Rastenburg in Ostpreußen, wo er am selben Tag das – leider fehlgeschlagene – Attentat auf Hitler beging.

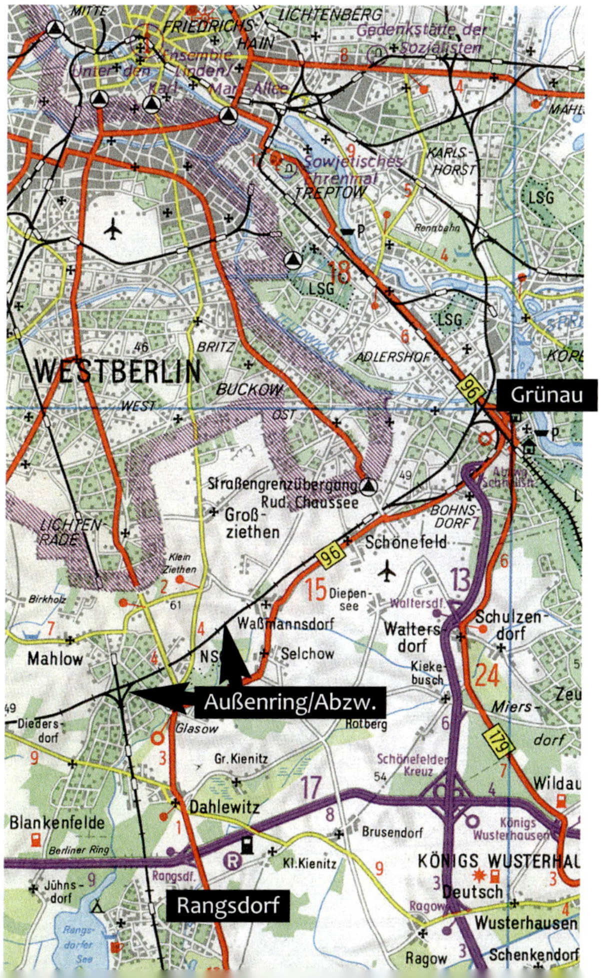

(West-) Berliner
Tristesse

GG

Nachdem in den fünfziger Jahren die Bahnbetriebswerke im Ostteil Berlins die Aufgaben der im Westen liegenden übernommen hatten, wurden diese von der Reichsbahn stillgelegt. So auch das traditionsreiche Bw Anhalter Bf. In den Jahren um 1970 befanden sich die Anlagen im fortgeschrittenen Stadium des Zerfalls. Glücklicherweise nahm sich ab 1983 das „Museum für Verkehr und Technik" (seit 1996 „Deutsches Technikmuseum Berlin"/DTMB) der völlig maroden Gebäude an, restaurierte sie in mühevoller Arbeit und verwandelte sie in ein Schmuckstück, dem seine Vergangenheit nicht mehr anzusehen ist. Heute beheimatet es wertvolle historische Eisenbahnfahrzeuge.

Burkhard Wollny

GG (4)

Ebenfalls 1970 entstanden die Fotos vom letzten Rest des Anhalter Bahnhofs, dem Portikus-Fragment mit den Figuren „Tag und Nacht“, wobei die Tag-Figur die rechte Hand wie um Hilfe bittend auszustrecken scheint. Oben: die Innen- und Straßenseite am Askanischen Platz. Die schweren Eichentüren darunter wurden nur noch von wenigen Scharnieren gehalten. Wer und wieviele Menschen mögen sie einst durchschritten haben?

GG

Blick von der Monumentenbrücke zur Kolonnenbrücke am 9. Juli 1971. Hinter dem nach Heiligensee fahrenden Stadtbahner stand noch das Stellwerk *Atm* aus den Jugendtagen der Eisenbahn in Berlin. Links davon sind Teile der Gebäude zu sehen, in denen die Salonwagen der Reichsregierung sowie SVT untergebracht waren. Unten: Unter den in den fünfziger Jahren von der Reichsbahn der DDR stillgelegten Bahnbetriebswerken befand sich auch das einst bedeutende Bw Potsdamer Gbf, aufgenommen von Burkhard Wollny im Sommer 1969.

Burkhard Wollny

Vom Hochbahnhof Gleisdreieck aus entstanden am 9. Juli 1971 die beiden Aufnahmen dieser Seite. Von den Gleisanlagen von/zum Potsdamer Bahnhof war nicht mehr übrig geblieben als verwahrlostes Gelände (vergleichen Sie mit Seite 88 oben). Im 1937 erweiterten Gebäude der Reichsbahndirektion war bis 1990 eine Klinik für West-Eisenbahner untergebracht. Auch in südliche Richtung gesehen bietet sich ein trauriges Bild mit dem Potsdamer Außenbahnhof, der ihn querenden Brücke zum U-Bahnhof Bülowstraße und Bergen von Schwellen.

GG (2)

GG (2)

Burkhard Wollny

Linke Seite und oben: Lehrter Bahnhof und „Fliegender Hamburger" gehörten einst untrennbar zusammen und gaben den Auftakt zum großen Schnellverkehrsnetz der Reichsbahn, in dessen Mittelpunkt Berlin stand. Am 9. Juli 1971 war davon nicht mehr viel zu sehen außer einem vor sich hin rostenden Wasserkran, dem Torso des Brückenstellwerks und ganz rechts den Gleisen der ehemaligen Eilgutabfertigung. Die Deutsche Bundespost Berlin belegte wie einst die Reichspost ihr Areal im Schatten des Lehrter Stadtbahnhofs. Oben das Triebwagen-Bw Lehrter Bf, 1969 von Burkhard Wollny aufgenommen. Alles Positive jener Zeit hatte Hitler zunichte gemacht.

GG

Jahrzehntelang galt Tempelhof mit seiner Umschlagleistung nach Rummelsburg als zweitgrößter Rangierbahnhof Berlins. Bis 1947 wurden die schweren Zerstörungen des Zweiten Weltkriegs soweit ausgebessert, dass nach der Süd-Nord- auch die Nord-Süd-Richtungsgruppe wieder in Betrieb genommen werden konnte. Nachdem die DDR 1950 jedoch beschlossen hatte, Güterzüge nicht mehr durch Berlin-West zu führen, leitete man diese ab 1952 um die Westsektoren herum nach Pankow, Schöneweide oder Seddin. 20 Jahre später, am 9. Juni 1972, entstand von der Röblingstraße aus diese Aufnahme mit Lokomotivschuppen und Wasserturm.

Wenn Sie heutzutage über die Swinemünder Brücke gehen, liebe Leserinnen und Leser, und nach links und rechts auf die nach 1990 völlig neu gebauten modernen Bahngebäude und Gleisanlagen schauen, werden Sie sich verwundert die Augen reiben. Im Juni 1972 glichen große Teile des einst bedeutenden und beliebten Durchgangs- sowie Umsteigebahnhofs eher einem botanischen Garten. Infolge der massiven Zerstörungen im Zweiten Weltkrieg, der Schließung des Fernbahnsteigs Anfang der fünfziger Jahre und des Mauerbaus am 13. August 1961 verlor Gesundbrunnen seine wichtigsten Funktionen. Nun endeten hier die Züge der Ringbahn (unten). Hinten links ragt der mit über 1,5 Mio. m² Trümmerschutt aufgeworfene und zwischenzeitlich mit Büschen und Bäumen bewachsene Flakbunker am Humboldthain („Mont Klamott") auf.

Der am 12. Juni 1972 auf der Linie 2 nach Frohnau fahrende Stadtbahner passiert soeben die Stelle, an der sich das Bw Gesundbrunnen befand, und wird gleich den im Grenzbereich liegenden Bahnhof Bornholmer Straße durchfahren. Die einst vielbefahrenen Ringbahngleise in Richtung Schönhauser Allee wurden nach dem 13. August 1961 zu Abstellgleisen für S-Bahn-Züge.

Nach dem Mauerbau riefen u. a. der Regierende Bürgermeister Willy Brandt und der DGB gemeinsam zum S-Bahn-Boykott auf („*keinen Pfennig mehr für Ulbricht*"). Der Aufruf wurde von der West-Bevölkerung voll angenommen. Der finanzielle Schaden für die DDR war riesig, da die Betriebspflicht natürlich weiterlief. Die verloren gegangene Bedeutung der S-Bahn in Berlin (West) spiegelt sich auch in dieser Bahnsteigaufnahme vom 12. Juni 1972 wider.

Mehr als einige Güterwagen gab es in Gesundbrunnen kaum zu verschieben. Die 1938 von der BMAG (Berliner Maschinenbau AG) gelieferte Köf 5727 – ab 1970 als 100 927 bezeichnet und im Bw Berlin-Grunewald stationiert – hatte am 12. Juni 1972 einen Rungenwagen zu überführen und passierte dabei die Steinbrücke im Verlauf der Brunnenstraße/Badstraße.

GG (5)

Diesseits

und

In den fünfziger und sechziger Jahren unternahmen die BVG-Ost und -West große Anstrengungen, ihren überalterten Wagenpark zu erneuern. 1952 beschaffte die BVG-West u. a. 39 schwere Büssing-Doppeldeck-Dreiachser des Typs BÜ D3U 52 (D = Doppeldecker, 3 = Zahl der Achsen, U = Unterflurmotor und 52 = Baujahr), Bezeichnung des Herstellers: Bü/NAG 12 000 T. Geliefert wurden sie mit den Betriebsnummern 900–938, hier Wagen 912 in den ersten Tagen seines Einsatzes vor der Gedächtniskirche – die Betriebsnummern fanden sich auch im Kennzeichen wieder. Die weitere Beschaffung der BVG (West) beschränkte sich jedoch auf zweiachsige Doppeldecker mit deutlich günstigeren Betriebskosten, die sich seit 1951 bestens bewährt hatten. 1954 wurden die Dreiachser in 660 bis 698 umgezeichnet, der 912 demzufolge in 671.

Der Büssing-Doppeldeck-Dreiachser 688 im Sommer 1959 beim Bahnhof Zoo. Sein Personal unterhielt sich mit dem Fahrer des dahinter stehenden „Bayern-Expreß"-Bus, einem vierachsigen Fahrzeug der Berliner Firma Wessel mit Kässbohrer-Luxusaufbau. Dies war eine Fernreiseausführung mit Dachrandverglasung, verstellbaren Schlafsesseln und Baranordnung im Faltenbalg, die Wessel u. a. im Interzonenverkehr einsetzte. 1960 wurde das Busunternehmen von der Bundesbahn übernommen. Bei der Persil/Henkel-Werbung verwendete man damals gerade Grün als Hintergrundfarbe.

Slg. Volkhard Stern (2)

Jenseits

Als „LOWA“ wurde die nach Kriegsende in der Ostzone gegründete „Vereinigung Volkseigener Betriebe“ (VVB) des Lokomotiv- und Waggonbaus bezeichnet. Die 35 Busse des Typs LOWA W 700 (unten) waren 1952 die ersten Busneubauten dieses Konsortiums. Für den Eindecker verwendete man beim VEB Waggonbau Bautzen noch den bewährten VOMAG-Sechszylinder-Motor. Am 30. Mai 1965 befand sich der 628 auf dem Weg zum Thälmannplatz (Wilhelmplatz). Neue Doppeldeckerbusse für Berlin-Ost entwickelte die BVG-Ost gemeinsam mit der DDR-Fahrzeugindustrie in der Werkstätte in Berlin-Treptow. Nach den dort gebauten sechs Prototypen fertigte man die 85 Serienfahrzeuge des Typs DO 54 zwischen 1955 und 1957 im VEB Waggonbau Bautzen, wobei noch Holzaufbauten Verwendung fanden. Hier der DO 54 977 am 30. Mai 1965 in der Friedrichstraße. In Bautzen entstanden von 1956 bis 1959 auch die 105 modernisierten Exemplare des DO 56, der sich vom Vorgängermodell durch Stahl-Aufbauten und äußerlich u. a. durch die kleinere Kühlerverzierung sowie durch Panoramascheiben unterschied. Unten der DO 56 071 am selben Tag in der Leipziger Straße. Die anfangs offenen Plattformen beider Doppeldecker-Modelle wurden nach und nach mit Falttüren ausgestattet. GG (3)

Der Büssing D2U ist *der* Klassiker unter den Berliner Doppeldeckern und prägte ab 1956 viele Jahre lang den Betriebsalltag im Westteil der Stadt. Selbsttragende Karosserien und Unterflurmotoren führten endgültig zur Form ohne Motorvorbau mit modernen Panoramascheiben. Die zunächst noch offenen Plattformen – beliebt zum Auf- und Abspringen – rüstete man später mit Falttüren aus. Der Bus 1299, hier in der Invalidenstraße, bediente die Linie 86 nach Steglitz-Birkbuschstraße – diese war bis 1963 die Straßenbahnlinie 44, deren Gleise hier noch lagen. Wenige Meter hinter dem zugemauerten Flügel des alten Hamburger Bahnhofs verlief die Sektorengrenze bzw. die Mauer.

GG (3)

Im Ostteil Berlins prägte in den sechziger und frühen siebziger Jahren der ungarische Ikarus – auch als Gelenkfahrzeug – den Bus-Liniendienst. Er löste nach und nach die Do 54, Do 56 und LOWA W 700 ab. Auffallendes Merkmal der Ikarus 66 war das große Motor-Heck (siehe die Reisebusse links auf der Straße „Unter den Linden"). Die Stadtbus-Version besaß vom Fahrer betätigte dreiflügelige Falttüren vorne und hinten sowie eine vierflügelige Mitteltür. Oben Bus 747 (Serie 701–790) am 30. Mai 1965 beim Bahnhof Friedrichstraße.

Wolfgang R. Reimann

GG

Die 1954 im westlichen Berlin eingeleitete Verkehrspolitik sah den schrittweisen Ersatz der Straßenbahnen vor, die damals als altmodisch und nicht mehr zeitgemäß angesehen wurden. Wo man hinschaute waren sie dem zunehmenden Individualverkehr und dem Ausbau der Straßen im Wege. Aber das gesamte, von Anfang an hervorragend ausgebaute Berliner Verkehrssystem war auf sie abgestimmt und blieb intakt, trotz Mauer und Streckenunterbrechungen. Menschen, die tagtäglich auf Straßenbahnen angewiesen waren und sie als sinnvolle Ergänzung/Zubringer zu U- und S-Bahnen sahen, wurden nicht um ihre Meinung gebeten. Dabei hätte sicher niemand etwas gegen die Stilllegung schwach frequentierter Strecken und deren Umstellung auf Busbetrieb einzuwenden gehabt. Doch im Fall „Straßenbahn" blieb sich die Politik treu und baute weiter ab. Im August 1963 fährt der Tw3755 durch die Wiebestraße – hier in Höhe der Klarenbachstraße – und wird gleich in die Kaiserin-Augusta-Allee einbiegen. Den in der Wiebestraße liegenden Betriebshof Moabit schloss die BVG-West genau ein Jahr später. Schließlich blieb im Sommer 1967 nur noch die Linie 55 (Hakenfelde – Bahnhof Zoo) übrig. Mit den Aufnahmen vom August (links) und März (unten) verabschieden wir uns von der Straßenbahn in Berlin (West). Am 2. Oktober 1967 begleiteten zigtausende Berliner den aus zehn Triebwagen bestehenden Korso ihrer „Elektrischen" auf der letzten Fahrt.

Slg. Volkhard Stern

Wolfgang R. Reimann

Anders als im westlichen setzte man im östlichen Teil Berlins weiter auf die Straßenbahnen. Ein Dreierzug erreicht auf der Linie 63 den Alexanderplatz vor dessen Umgestaltung. Nachdem sich infolge der Teilung am 1. August 1949 eine eigene BVG-Verwaltung im Ostteil der Stadt gebildet hatte, firmierte diese ab dem 1. Januar 1969 unter der Bezeichnung VEB Kombinat Berliner Verkehrsbetriebe (BVB).

GG (2)

Bis zu ihrer Einstellung 1966 war der Ostbahnhof Endstelle der Straßenbahn-Linie 1. Danach kamen hier u. a. Oberleitungsbusse zum Einsatz, hier einer von 41 Berliner LOWA (Werdau) des Typs W 602a mit Motoren von LEW (Hennigsdorf) und Steuerungs-Fahrschaltern von AEG, aufgenommen im März 1970. Der Anhänger war ein LOWA W 700. 1972 begann der Abbau des Obusbetriebes, zum 31. Januar 1973 wurde er ganz eingestellt.

Blick vom U-Bahnhof Gleisdreieck auf den Postbahnhof Luckenwalder Straße (Postamt 77) sowie zu Wasserturm und Schornsteinen des Bw Anhalter Bahnhof am 10. Juni 1972. Im Hintergrund: die Häuser des Bezirks Kreuzberg. Etwas schwieriger war es, an den in den Jahren 1949/50 in Güterwagenbauweise beschafften Post 2-t/11 (bis 1958 Post-c/11) der Deutschen Bundespost heranzukommen, um ein brauchbares Foto machen zu können.

Der Postbahnhof am Ostbahnhof war ein wichtiger Knotenpunkt der Deutschen Post der DDR. Die Gleise zur Ankunfts-Halle lagen auf einer Galerie neben dem Bw Ostbf und wurden von Post-Elloks bedient, hier u. a. rekonstruierte Oberlicht-Bahnpostwagen älterer Bauart. Dass Unbefugte wie ich am 1. Oktober 1967 hier einige Minuten lang fotografieren konnten, hatte ich Ulrich Person von der Rbd Berlin zu verdanken.

GG (3)

In den fünfziger Jahren entwickelten BVG-West und die Fahrzeugindustrie neue U-Bahn-Wagen in Stahl- und Leichtbaustahlweise des Typs D für das Großprofilnetz und des Typs A 3 für das Kleinprofilnetz, die sich ausgezeichnet bewährten. Zahlreiche wurden inzwischen ertüchtigt und sind – teilweise in neuen Zugverbänden – bis heute unterwegs. Im Mai 1964 war der nagelneue U-Bahn-Zug 959 des Typs A 3 vom Bahnhof Hallesches Tor auf dem nach schweren Kriegsschäden provisorisch wieder aufgebauten Hochbahnviadukt in Richtung Bahnhof Möckernbrücke unterwegs. Um die Ecke fahren gerade ein Mercedes-Benz 220 S sowie davor ein Opel Rekord P2.

Um dem infolge des Mauerbaus entstandenen U-Bahn-Fahrzeugmangel begegnen zu können, baute die BVG-Ost/Raw Schöneweide ab 1962 S-Bahnen verschiedener Baureihen in U-Bahnen um. Von S-Bahnen entnahm man u. a. Drehgestelle, Motoren und Türen, die Wagenkästen sind Neubauten. So entstanden fünf Lieferserien des Typs E III. Das Fahrzeug 101 032-7/151 033 (bis 1970 = 1440/ 1441) aus der ersten Serie entstand aus dem S-Bahn-Zug ET 168 007/EB 168 012. Nach einem Raw-Aufenthalt stand es am 7. Februar 1982 in Schöneweide.

GG (5)

Liebe Leserinnen und Leser, Berlin-Aufenthalte liefen bei mir meist folgendermaßen ab: „Zu Hause" war ich im Westteil der Stadt, um dann von hier aus schon frühmorgens zu Tagesbesuchen in den Osten zu fahren, wo ich bereits erwartet wurde. So auch Ende April 1977. Am Samstag, den 30. April, beschlossen wir, uns hauptsächlich den betagten U-Bahnen der Baureihe A zu widmen, die in West-Berlin 1968 (AI-Wagen) bzw. 1973 (AII-Wagen) ausgemustert worden waren, bei der BVB aber noch eingesetzt wurden. Mit der U-Bahn fuhren wir zum Bahnhof Schönhauser Allee. Nur wenige Meter entfernt entstanden die ersten Aufnahmen von der Greifenhagener Straße aus mit Blick durch die Stargarder Straße zur parallel zu den Gleisen verlaufenden Schönhauser Allee. Um diesen Bereich auch von oben fotografieren zu können, bestiegen wir ein Baugerüst. Nach einigen Minuten verschwanden wir natürlich wieder, bevor evtl. irgend jemand die Volkspolizei alarmieren konnte. Zu sehen sind hier die ab 1970 so bezeichneten Fahrzeuge 126 578 und 176 579 (von links).

Im Jahr 1970 führte die Reichsbahn ein neues Nummernschema ein, das mit einer dreistelligen Ordnungsnummer und einer einstelligen Kontrollziffer auf der gleichen Grundlage basierte wie das 1968 bei der Bundesbahn eingeführte. Trotzdem unterschieden sich beide Systeme voneinander, vor allem bei den Dampflokomotiven, wo die DR auf die dritte Stelle der Baureihennummer zugunsten einer zusätzlichen Stelle bei der Ordnungsnummer verzichtete. Die Tausenderstelle der Ordnungsnummer sollte jedoch nicht nur dem Zweck dienen, möglichst viele Betriebsnummern – nur ergänzt durch die Kontrollziffer – übernehmen zu können, mit ihr wollte man auch die Feuerungsarten kennzeichnen. Öllloks erhielten bei der Tausenderstelle der Ordnungsnummer eine „0", so wurde aus der ölgefeuerten 01 524 die 01 0524-7, Kohleloks die Zahlen „1" bis „8". Die 03 135, am 20. Mai 1970 noch mit alter Nummer unterwegs, bekam wenig später die Betriebsnummer 03 2135-5. Ebenso die am selben Tag aufgenommene 01 029 mit ihrer provisorisch aufgemalten alten Betriebsnummer. Aus ihr wurde die 01 2029-5. Den Ordnungsnummern von Kohlenstaublokomotiven setzte man eine „9" vor.

Dieseltriebfahrzeuge bekamen Baureihenbezeichnungen im Einhunderter-Bereich (siehe rechte Seite), bei elektrischen Triebfahrzeugen sah man den Zweihunderter-Bereich vor, so wurde z. B. aus der E 42 292 die 242 292-1. Völlig neue Bezeichnungen erhielten alle Trieb-, Steuer-, Mittel- und Beiwagen.

Meinolf Zylka (2)

GG

1970 erhielten die Stadtbahner der Baureihe ET 165 die neue DR-Bezeichnung 275, hier ein 275 am 6. Juni 1972 bei der Einfahrt in Tempelhof. Seit dem Mauerbau bestand nur noch ein Dreiviertelring zwischen Gesundbrunnen und Sonnenallee/Köllnische Heide. Unter der Signalbrücke mit dem sich anschließenden Brückenstellwerk TF/Tr befanden sich das S-Bahn-Bw Papestraße und links der Gbf Tempelhof bzw. die Ringbahn-Gütergleise. Weitere S-Bahn-Baureihen wurden nun als 276 (ET 125), 276 (ET 166), 277 (ET 167), 278 (ET 168) und 278 (ET 170) geführt.

Meinolf Zylka (2)

Am 23. Mai 1970 durchfuhren die 118 005 und 118 042 als Lz den Bahnhof Zoo in Richtung Lehrter Stadtbahnhof/Friedrichstraße. Die 118 005, bisher V 180 005, war die erste Lok einer 1963/64 beschafften Vorserie (V 180 005–009). Interessant war die seitliche Beschilderung (der VI. Parteitag der SED fand vom 15.–21. Januar 1963 statt). Das „V" erinnert an die Bundesbahn-V 200. Die 118 042 gehörte der ersten Serie V 180 010–087 an, die mit neuer Lackierung geliefert wurde.

Von der am Dach des Stellwerks vorbeiführenden Modersohn-Brücke hatte man einen hervorragenden Überblick auf das Bw Karlshorst und den Rbf Rummelsburg. Der 184 002 a/b der Bauart „Ruhr" – 1938 als 137 291 a/b bei der RBD Essen in Dienst gestellt – war frisch überholt und mit aktueller Rot-Elfenbein-Lackierung aus dem Raw Wittenberge zurückgekommen. Am 7. Juli 1975 stand er für den nächsten Einsatz bereit. Fast auf den Tag zwei Jahre später führte die 132 395 (unten) den aus orange-beige lackierten UIC-Z-Wagen gebildeten Städte-Express Ex 177 „Elbflorenz" durch Karlshorst. Kohle war noch erforderlich, da hier die 01 und 03 des Bw Ostbahnhof versorgt wurden, siehe die 01 vor dem Kran. GG (2)

Am 6. Oktober 1975 unternahmen die Karlshorster Triebzüge 182 004/503/003 (SVT 137 278, Bauart „Köln“) und der 184 001 a/b (137 288 a/b, Bauart „Ruhr“) eine Sonderfahrt nach Scharmützelsee (Wendisch Rietz). Der 182 kam 1958 durch ein Tauschgeschäft von der DB zur DR. GG

Schonplatz für Lok-Veteranen

Die Dampflok des Eilzuges E 315 quittierte ihren Dienst

Noch sind sie hin und wieder vor einem Personenzug zu sehen – die großen, alten, schwarzen Dampfrösser. Um sie ranken sich inzwischen die Legenden der Eisenbahnfans, denn die schnaufenden Kolosse sind rar geworden. Sie müssen immer mehr den rentableren, sauberen Diesel- und Elektroloks weichen.

Am 30. September dieses Jahres „verabschiedete“ sich auf dem Bahnhof Berlin-Lichtenberg die Schnellzugdampflokomotive 012065-9 mit ihrer letzten Fahrt nach Szczecin auf der Strecke Berlin–Gdynia–Berlin. Jahrelang zog sie bis zur Grenze den Eilzug E 315, der fahrplanmäßig einmal am Tag die 494 Kilometer zurücklegt.

Die Lok stammt aus der Baureihe 01, das waren mit die größten Dampflokomotiven der Deutschen Reichsbahn. Das Exemplar aus der Baureihe der 20er und 30er Jahre ist sogar noch mit den originalen Windleitblechen, den sogenannten großen Ohren, ausgerüstet. Die beginnende Umstellung auf Dieselkraft ließ eine Rekonstruktion der 012065-9 nicht mehr sinnvoll erscheinen. Schwestern dieser Dampflok sind Anwärter auf einen Platz im Verkehrsmuseum.

Vorerst soll die Lok aber noch nicht ganz zum alten Eisen gehören. Sie wird auf Verschiebebahnhöfen helfen, im Winter die Weichen zu beheizen.

Lokführer Heinz Wunderlich und Heizer Georg Tischler werden ihre „Dicke“ auch auf diesem Weg begleiten. Beide haben seit 1974, mit dem Beginn des visafreien Reiseverkehrs mit der VR Polen, auf der 012065-9 und dieser Strecke ihren Dienst versehen.

Der Start zur letzten planmäßigen Fahrt an der Spitze des E 315 nach Gdynia verlief aber keineswegs in aller Stille. Ganz im Gegenteil: Lok und Besatzung hatten einen großen Bahnhof. Klaus Ullrich, BGL-Vorsitzender des Bahnbetriebswerkes, überreichte den beiden Eisenbahnern einen großen Blumenstrauß. Eine Erinnerungsplakette an diese letzte Fahrt wird folgen. Auch Reinhold Maass. einer, der immer dabei ist, wenn Dampfrösser ihren Dienst quittieren, ließ es sich mit seinen 77 Jahren nicht nehmen, die beiden alten Hasen zu verabschieden. Bis 1958 war er als Ausbilder an der Lokfahrschule in Berlin tätig und hat selbst 36 Jahre als Lokomotivführer ein Stück Geschichte der Dampflok mitgeschrieben.

Zahlreiche jugendliche Eisenbahnfans gaben dem Lokveteranen ebenfalls ihr Geleit. Viele von ihnen nutzten die Gelegenheit, von ihrem „Traum“ schnell mit der Kamera noch einen Schnappschuß zu machen.

Text und Foto: Sigrid Klimmer

HERZLICH VERABSCHIEDET wurde die Besatzung der Schnellzugdampflokomotive 012065-9 auch von Veteran Reinhold Maass.

NOCH SCHNELL EINEN SCHNAPPSCHUSS von ihrer Traum-Lok machten einige der zahlreich erschienenen Eisenbahnfans.

BZ am Abend

MONTAG

AUSWÄRTS 15 PF 10 PFENNIG

1. Oktober 1979 ● 31. Jg. Nr. 231 (30 036/37)

Mit einem lachenden und einem weinenden Auge stiegen sie gestern von ihrer Lok: Heinz Wunderlich (2. v. links) und Heizer Georg Tischler (2. v. r.), begrüßt mit Blumen und Erinnerungsmedaillen. Die Ankunft auf dem Lichtenberger Bahnhof bedeutet zugleich das Ende der Dampflokfahrten zwischen Berlin und Szczecin.

BZA-Foto: K.-H. Drowski

Ade dem letzten Dampfroß

Gestern „7—10 Spreeathen“ in der „Passage“

Berlin (Eig. Ber.). Die Freiwillige Feuerwehr Friedrichsfelde hatte gestern just zum 85jährigen Jubiläum blinden Alarm. Die Rauchwolke stammte vom Bahnhof Lichtenberg und hat indessen historischen Wert: Lokführer Heinz Wunderlich hatte die letzte Schnellzug-Dampflok von Szczecin nach Berlin gelenkt.

Am Bahnhof nahm ein Feuerwehrauto Heinz Wunderlich, der 30 Jahre lang seinen Beruf ausübte, und Heizer Georg Tischler in Empfang — das freilich im Bunde mit „7—10 Sonntagmorgen in Spree-Athen“. Dieter Hunziger interviewte die Eisenbahner. Rundfunk-Geschenk mit Pfiff: 99 Lok-Pfiffe auf Langspielplatte.

Pfiff hatten z. B. auch ein Gespräch mit dem eine Moritat singenden Schauspieler Alfred Müller und Restaurierungsproben aus dem Museum für deutsche Geschichte.

Nachdem am 24. September 1977 die Baureihe 01 aus dem Plandienst auf der Strecke Berlin – Dresden ausgeschieden war, folgten 1979 die Leistungen zwischen Berlin und Stettin/Szczecin. Slg. GG (2)

GG (3)

Viel längst Vergangenes zu entdecken gibt es bei den Aufnahmen oben, die am 14. August 1979 vom Fenster der Dienststelle eines Freundes aus entstanden. Ganz oben der Ostbahnhof, davor die Bahnposthalle und mehrere Bahnpostwagen sowie links das Bahnbetriebswerk, in dem damals – bis auf wenige 01 – hauptsächlich Dieselloks stationiert waren. Das mittlere Foto zeigt vorne den alten „Güterbahnhof der Schlesischen Bahn", hinten links zahlreiche Güterwagen im Bereich des Wriezener Bahnhofs und rechts den Bahnhof Warschauer Straße. Zu den interessantesten Triebfahrzeugen, die bis in die achtziger Jahre im Ostbahnhof zu sehen waren, gehörten die DR-Triebzüge der Bauart „Görlitz", Baureihe 175 (bis 1970 = VT 18.16), die u. a. als „Karlex" zwischen Berlin und Karlsbad/ Karlovy Vary verkehrten – hier der 175 010 am 6. Juni 1972 in Höhe der Warschauer Straße.

Auf Befehl der Sowjetischen Militäradministration wurden in Mitteldeutschland ab März 1946 die Oberleitungen der elektrifizierten Hauptstrecken im Raum Magdeburg/Dessau/Bitterfeld/Halle/Leipzig demontiert und die Loks konfisziert. Daraufhin endete dort der gerade wieder aufgenommene elektrische Betrieb. Ab 1955 konnte er schrittweise wieder aufgenommen und in den sechziger und siebziger Jahren ausgeweitet werden (u. a. das „Sächsische Dreieck"). Dampf- und Dieselloks trugen jedoch nach wie vor die Hauptlast der Zugförderung.
Im Rahmen der Elektrifizierung in Berlin dampfte am 7. Februar 1982 die 52 8023 vom Bw Schöneweide mit einem Bauzug durch das Schöneweider Gleisfeld. Rechts: die Bauzuglok 52 8023 mit einer respektablen Bierdeckelsammlung. In Schöneweide wurde der elektrische Zugbetrieb am 2. Juni 1984 eröffnet. Die Masten setzte man überwiegend mit Hubschraubern, wie z. B. am 25. Februar 1987 im Ostbahnhof. Dort erfolgte die Aufnahme des elektrischen Betriebes (auf den Ferngleisen) am 31. Mai 1987.

GG (3)

In den achtziger Jahren erfolgte die Elektrifizierung der Reichsbahn-Strecken im Raum Berlin in kurzen Zeitabständen: Bis 1983 waren bereits wesentliche Abschnitte des Außenrings elektrifiziert. Ab dem 25. September 1983 konnte in Berlin-Grünau und eine halbes Jahr später bis Berlin-Schöneweide elektrisch gefahren werden. Am 15. November 1986 durchfuhr die 242 292 mit einem Vorortzug Berlin-Adlershof in Richtung Grünau.

Im Westteil Berlins blieb bis nach der Wiedervereinigung alles beim alten. Die 110 005 vom Bw Ostbf hatte sich am 3. Juni 1990 an die DB-Wagen des D 302 gesetzt, um sie bald darauf in Richtung Friedrichstraße zu schieben.

GG (2)

Wie sich die DDR einigeln musste, damit ihr die Menschen nicht davonlaufen, bestätigen die beiden am 11. Oktober 1987 aus einer S-Bahn gemachten Aufnahmen vom Grenzbereich. Die Charité befindet sich hinter einer hohen Sichtblende, davor ein Trabi-Kübelwagen mit Grenzsoldaten auf dem Alexander-Ufer. Das Frachtschiff hatte soeben den Humboldthafen verlassen und befand sich im Verbindungskanal zum Nordhafen. Dahinter erkennt man den Übergang Invalidenstraße. In dem großen Gebäude hinten befand sich damals das Oberste Gericht der DDR. Das Foto vom selben Tag im Bahnhof Friedrichstraße hätte wegen der vielen Überwachungsanlagen und Spitzel auch „ins Auge" gehen können – aber es gelang: ich wählte den Augenblick, in dem mein S-Bahn-275 in Richtung Westen anfuhr.

Sicher waren auch Sie froh, lieber Leser, auf Ihren Touren durch Berlin mal eines der einst weitverbreiteten, schmiedeeisernen Toilettenhäuschen aus der Zeit vor/um 1900 aufsuchen zu können. Oben eines der achteckigen Urinale mit vorgesetzter Blende 1972 in der Bornholmer Straße kurz vor der gleichnamigen Brücke und dem nur rund 200 m entfernten Grenzübergang. Wer ihn überschreiten wollte, hatte hier die Möglichkeit, sich noch zu erleichtern, denn dies war im Grenzbereich nicht möglich. Den wenig einladenden Geruch nahm man deshalb gerne in Kauf. Heute sind die Häuschen, meist von Schmierfinken verunziert, fast vollständig aus dem Stadtbild Berlins verschwunden.

GG (3)

750 Jahre Berlin

Der alte Hamburger Bahnhof in zerfallendem Zustand am 9. Juni 1972. 1984 übernahm die BVG die Betriebsrechte an den West-Berliner S-Bahn-Strecken, gleichzeitig übernahm der Berliner Senat den Hamburger Bahnhof. Nach ersten Sicherungsmaßnahmen wurde das spätklassizistische Gebäude 1986/87 im Hinblick auf die in seinen Räumen stattfindenden Austellung „Die Reise nach Berlin“ außen und innen restauriert. Am Freitag, den 1. Mai, war man noch mit dem Bau des Kassenhäuschens beschäftigt.

Im April 1984 war es kurzzeitig möglich, das jahrzehntelang unzugängliche Gebäude zu betreten. Eines der gesuchten Objekte war die 1934 ausgemusterte 17 008, die hier die Zeitläufe überstand.

GG (7)

Mit geladenen Gästen begann am Samstag, den 2. Mai 1987, die inoffizielle Eröffnung der Ausstellung „Die Reise nach Berlin“. Oben: die wunderschöne Bahnsteighalle mit schier unzähligen, einzigartigen Exponaten. Willy Pragher (links) im Gespräch mit dem Regierenden Bürgermeister Eberhard Diepgen, hatte einen eigenen großen Ausstellungsraum bekommen. Plötzlich stand die beliebte Schauspielerin Brigitte Horney (rechts) neben mir. Ich fragte sie, ob sie mir gestatten würde, sie zu fotografieren. So entstand eine nette Fotoserie. Wenig später gelang die Aufnahme mit Brigitte Horney und Bundespräsident Carl Carstens.

Friedrichshagen war wie Köpenick ein überraschend schöner und gepflegter Stadtteil in Berlin (Ost). Am 30. Mai 1985 begegneten sich nur wenige Meter vom Bahnhof Friedrichshagen entfernt ein aus Gotha-Wagen bestehender Straßenbahnzug mit dem Tw 223 004 sowie ein Ikarus-Gelenkbus des Typs 280.02. Am bereits sehr kühlen 13. November 1973 herrschte auf der Linie 86 in Richtershorn am Müggelsee kein Hochbetrieb mehr wie an heißen Sommertagen. Der Fahrer des Gotha-Großraumzuges konnte es daher ruhig angehen lassen auf der früheren Schmöckwitz–Grünauer Uferbahn und vielleicht sogar ein wenig die Natur mit den sich brechenden Sonnenstrahlen genießen.

GG (2)

1989

Im Verlauf der siebziger und achtziger Jahre glaubten viele Menschen nicht mehr an eine Wiedervereinigung Deutschlands. Und doch gab es in der DDR kleine Anzeichen, die hoffnungsvoll stimmten. Schon gegen Ende der siebziger Jahre stellte uns die damals etwa 12-jährige Marion aus dem Erzgebirge immer wieder die Frage, warum wir sie – aber sie nicht uns besuchen könne, obwohl doch die Grenzbefestigungen wegen uns, also den „Klassenfeinden im Westen" errichtet werden mussten. Sie hatte den Widerspruch erkannt und gab keine Ruhe mehr, vor allem bei unserem nächsten Besuch. Sie war sehr vertrauenswürdig, trotzdem konnte ein falsches Wort für ihre Eltern gefährlich werden.

Besonders nach dem Bonn-Besuch Erich Honeckers im September 1987 – ein Staatsbesuch, der eigentlich keiner sein durfte – dachten fast alle Deutschen, das wäre es nun mit der Einheit Deutschlands gewesen. Doch abseits der Öffentlichkeit hatte sich zwischen der Bundesrepublik und der Sowjetunion eine Politik auf der Basis guter Beziehungen entwickelt. Sie wurden von dem im März 1985 zum Generalsekretär des Zentralkomitees der KPdSU ernannten Michail Gorbatschow und seinen Mitarbeitern fortgeführt. Aber erst nach und nach erkannte man, dass er neue Akzente setzte. In Abrüstungsverhandlungen mit den USA leitete er das Ende des Kalten Krieges ein und auch in der sowjetischen Politik waren mehr und mehr die bisher undenkbaren Worte Glasnost (Offenheit) und Perestroika (Umbau) zu hören. Gleichzeitig leitete Michail Gorbatschow den Verzicht auf die sowjetische Vormachtstellung in Ostmitteleuropa ein.

Die hochverschuldete DDR hing seit Jahren am Finanz-„Tropf" der Bundesrepublik. Nach der offensichtlich manipulierten Kommunalwahl im Mai 1989 begann im Sommer eine immer stärker werdende Massenflucht von DDR-Bürgern über andere Ostblockstaaten Ungarn/Tschechoslowakei. Den täglich mehr werdenden, schließlich hunderttausenden und schließlich Millionen von Demonstranten in der gesamten DDR vermochte die reformfeindliche, völlig uneinsichtige SED-Führung schließlich nichts mehr entgegenzusetzen. Am 9. November 1989 fiel die Mauer!

Die Aufnahmen entstanden in jenen Herbsttagen am Brandenburger Tor, am Lehrter Stadtbahnhof (Mitte) sowie in der Invalidenstraße, Blickrichtung Osten.

Hermann Kuom (3)

Am 10. November 1989, dem Tag nach dem Mauerfall, wurde die Glienicker Brücke wieder für jeden zugänglich. Zwar wehten Mitte November 1989 noch die rote und die schwarz-rot-goldene Fahne mit Hammer und Sichel-Symbol über dem DDR-Grenzposten, aber sie hatten bald darauf ausgeflattert. Auch das DDR-Symbol im Brückenbogen hing hier nur noch kurze Zeit. Die architektonisch gelungene Fachwerkbrücke war ein Symbol der Teilung und wurde schließlich zu einem der Wiedervereinigung. Völlig frei zugänglich, harmoniert sie seit 1990 wieder mit der wunderschönen Havellandschaft im Verlauf der Bundesstraße 1. Metallbänder auf den Fußgängerwegen und Tafeln erinnern an den Agentenaustausch sowie an die unseligen Jahre der Teilung Berlins und Deutschlands. Hermann Kuom

Der S-Bahn-Eingang am Potsdamer Platz dürfte heute wohl der einzige Anhaltspunkt für den Aufnahmeort sein, an dem am 27. Juni 1994 eine Imbissbude stand. GG

Bei einem Berlin-Besuch sollten Sie sich das geschichtsreiche, schöne Köpenick nicht entgehen lassen, liebe Leserinnen und Leser. Hier, kurz hinter der Schlossinsel, mündet die Dahme in die Spree. Links der Turm der evangelischen Stadtkirche St. Laurentius und rechts das Köpenicker Rathaus. Berühmtheit erlangte es, als der in Tilsit (Ostpreußen) geborene Schuster Friedrich Voigt mit seiner bei Trödlern zusammengekauften Uniform als „Hauptmann von Köpenick" den Bürgermeister und weitere Mitglieder der Stadtverwaltung verhaften ließ.

GG

Frühsommerliche Szene beim Bahnhof Friedrichstraße am 22. Juni 2002. Damals waren die 143 964 vom Bw Düsseldorf mit ihrer x-Wagen-Garnitur sowie zahlreiche weitere Züge aus den westlichen Bundesländern (z. B. 423er aus Plochingen) nach Berlin verliehen worden, da wegen Bauarbeiten hier keine S-Bahnen fuhren. Bis zur Fertigstellung musste man auf Ferngleisen Ersatzzüge einsetzen.

Wolf-Dietmar Loos (2)

Von der Putlitzbrücke aus bot bzw. bietet sich dieser schöne Blick auf den Güterbahnhof Moabit und den Westhafen, hier am 9. Januar 1993 mit der im Verschub eingesetzten 346 277. Auf der Brücke erinnert ein Deportationsmahnmal an über 32.000 jüdische Bürger, die von Hitler und seinen Helfern ab Januar 1942 vom Gbf Moabit aus in Konzentrationslager deportiert wurden. Ein furchtbares und durch nichts zu entschuldigendes Verbrechen!

Wolf-Dietmar Loos (3)

Oben links: Neukölln ist wichtiger Kreuzungspunkt des Berliner Nahverkehrs. Seit 1993 fahren hier wieder S-Bahnen, obwohl die DDR-Reichsbahn nach dem Streik (1980) die Gelegenheit genutzt hatte, diesen Teil der Ringbahn stillzulegen. Auch der Güterverkehr kann sich sehen lassen, hier zwei Ganzzüge, die am 21. Oktober 1997 von den „Ludmillas“ 232 272 und 232 233 befördert wurden.

Links: Die Schöneiche-Rüdersdorfer Straßenbahn (SRS) ist die einzige auf schmaler Spur im Raum Berlin. Sie stellt von der Nordseite des Bahnhofs Friedrichshagen aus die Verbindung zu einem der schönsten Naherholungsgebiete Berlins her. Am 14. Mai 2003 war ein ehemaliger Heidelberger Gelenkzug als Tw 43 im Einsatz.

Am 13. Juni 2000 erreichte ein S-Bahn-Zug der Baureihe 485 mit alter Lackierung den Bahnhof Hermannstraße. Diese Züge wurden vom VEB Lokomotivbau Elektrotechnische Werke „Hans Beimler“ Hennigsdorf entwickelt. Als Baureihe 270 sollten sie in Berlin-Ost ab 1990 die Vorkriegsfahrzeuge ablösen. Die DB AG bezeichnete sie als Baureihe 485.

GG (2)

Oben: Im Zweiten Weltkrieg schwer beschädigt, lag die Oberbaumbrücke nach Kriegsende im Grenzbereich des amerikanisch-sowjetischen Sektors. Beim Bau der Berliner Mauer (13. August 1961) sperrte man sie für den gesamten Verkehr einschließlich der U-Bahn. Nach der Wiedervereinigung wurde sie von Grund auf erneuert, zu sehen ist der Zustand vom 28. Juni 1995.

Rechts: Am 22. Juni 2002 zeigte ein Bauschild, wie der neue Lehrter Bahnhof (Hbf) einst aussehen würde. Seine Fertigstellung erfolgte in mehreren Abschnitten von 1995 bis 2006. Unverzeihlich ist, dass für ihn der Lehrter Stadtbahnhof geopfert wurde. In dessen Renovierung hatte man 1987 hinsichtlich des Jubiläums „750 Jahre Berlin" noch Millionen DM investiert.

Unten: Nach dem Reichsbahner-Streik 1980 wurde der Ringbahnverkehr komplett eingestellt. Im Bahnhof Westkreuz gab es nur noch einen Minimalverkehr. Dies änderte sich durch die Wiedervereinigung, als hier nach der Renovierung und der Wiederaufnahme des Ringverkehrs neues Leben einzog (24. Juli 1993).

Wolf-Dietmar Loos

GG

Am 1. September 1990 passierten die 119 043 und eine Schwesterlok mit einem InterRegio (IR) Berlin-Wannsee. Mit den im Takt betriebenen IR-Linien wurden Mittelstädte bzw. Regionen zuschlagsfrei an das IC/EC-Fernverkehrsnetz angebunden und ersetzten nach und nach auch viele der klassischen Schnellzüge. Leider wurde die in Deutschland beliebte Zuggattung im Juni 2006 abgeschafft. Komplett aus Fahrzeugen der Reichsbahn besteht der Bauzug zur Streckenelektrifizierung. Am 23. Mai 1993 befanden sich im Bereich Berlin-Wannsee die Oberleitungsarbeiten kurz vor dem Abschluss. Die Direktverbindung nach Hannover stand jedoch erst 1995 zur Verfügung.

Wolf-Dietmar Loos

Blick aus dem zwischen Wittenberge und Berlin als Nahverkehrszug eingesetzten 628 642 auf einen in Spandau auf neuer Trasse entgegenkommenden Intercity nach Hamburg, am 25. Juni 1995 geführt von 218 486 und einer Schwesterlok. Bald danach übernahmen hier elektrische Triebfahrzeuge die Beförderung. Als zu Beginn der siebziger Jahre die Super-Elloks der Baureihe 103^1 in Dienst gestellt wurden wagte ich kaum daran zu denken, dass diese eines Tages auch in Berlin zu sehen sein würden. Als sie hier tatsächlich im Einsatz waren, hatten sie ihren Zenit bereits überschritten. Am 1. Juli 1995 über die Stadtbahn kommend, erreichte die 103 190 den Bahnhof Zoo.

GG (2)

Korbinian Fleischer (3)

Oben links: Blick aus einem Motel am Hackeschen Markt am 4. August 2015 auf den dichten Stadtbahn-Verkehr mit dem Bahnhof Alexanderplatz.

Mitte links: Am 3. Juli 2015 gab es massive hitzebedingte Störungen mit vielen Zugausfällen, daher wurde der in den Hbf einfahrende RE 3 mit 112 190 gleich von zahlreichen Beförderungsfällen „geflutet".

Links: Der von der 120 104 beförderte EC 170 von Prag über Dresden ist gerade in Berlin Hbf tief angekommen. „Nur" 25 Minuten Verspätung waren am 12. Dezember 2015 aber dafür ausreichend, dass der geplante Anschlusszug nicht erreicht werden konnte.

Dr. Brian Rampp (oben), Korbinian Fleischer

Oben: Begleitet vom Bauleiter war es möglich, vom Gerüst des am 28. April 2012 in Bau befindlichen Waldorf-Astoria-Hotels aus zu fotografieren. Hier geht der Blick auf die Bahnsteige des Bahnhofs Zoo in Richtung Osten.

Links: Blick aus dem Hotel „City B Centrum" auf die U-Bahn-Station Bülowstraße und das Finanzamt Schöneberg am 23. Mai 2008. Eine U 2 war gerade auf dem Weg von Ruhleben nach Pankow. Die Fahrzeuge der Baureihe Gl aus DDR-Produktion sind zusammen mit westdeutschen Triebwagen im Kleinprofilnetz anzutreffen.

GG (3)

Ulrich Person von der Rbd Berlin 1986 vor der Gethsemanekirche.

Prof. Dr. Thomas Grumme und Klaus Bergen am 25. Juni 1995.

Slg. Wolfgang R. Reimann

Viele Fotos in diesem Buch stammen von Heinz Meyer (1917–2004), hier ein Porträt vom März 1937. Bereits mit zehn Jahren wusste er, dass Eisen- und Straßenbahnen sein Leben bestimmen würden. Dem Abitur 1937 folgten jedoch Militär- und Kriegsdienst. Selbst in besetzten Ländern war er fotografisch tätig. Nur knapp rettete er sich im Mai 1945 mit seiner Flakeinheit bei Havelberg vor den Russen auf das von US-Truppen besetzte Ufer. Seine neue Existenz im Westen Deutschlands beendete er 1975 als Bundesbahnamtsrat in Wuppertal-Elberfeld.

Bei Paghers zu Hause 1978: Willy (1908–1992) mit Frau Friedl. Inhalt und Wert seines einzigartigen Archivs erkannten viele erst nach seinem Tod. Willy überstand krank und gebrochen drei Jahre Gefangenschaft in Sibirien. Den Höhepunkt seines Lebens – so seine Worte – bildete die Wiedervereinigung Deutschlands und Berlins. Dem mit ihm seit 1964 befreundeten Autor hatte er 1987 die spätere Übernahme des Archivs angeboten, seine Frau vergab es jedoch nach 1992 an andere Bewerber. Rund 400 Fotografien in seinem Archiv (auch von Aufträgen) stammen von mir, die er – in gegenseitigem Einvernehmen – unter seinem Namen einodnete. Er vergütete mir diese mit Abzügen und einigen doppelten Negativen.

Literatur

Berliner S-Bahn-Museum: Strecke ohne Ende, Berlin 2002

Friedrich, Jörg: Der Brand, München 2002

Ebel, Jürgen U., Wenzel, Hans-Jürgen: Die Baureihe 74, Freiburg 1995

Garn, Robin: BAHNEpoche 20/2016, Der Fall 03^{10}

Greß, Gerhard: Verkehrsknoten Berlin, Freiburg 2003

Greß, Gerhard: Die Berliner Blockade, Freiburg 2013

Gottwaldt, Alfred B.: Berlin Bahnhof Zoo, Düsseldorf 1988

Gottwaldt, Alfred B.: Der Anhalter Bahnhof und seine Lokomotiven, Düsseldorf 1986

Hillgruber, Andreas, Hümmelchen, Gerhard: Chronik des Zweiten Weltkrieges, Frankfurt (M) 1966

Hilkenbach, Sigurd, Kramer, Wolfgang: Die Straßenbahnen in Berlin, Düsseldorf 1994

Kampen, Manfred van und Wenzel, Hans-Jürgen: Die Baureihe 03^{10}, Freiburg 1978

Troche, Horst: Die Baureihe 03, Freiburg 2006

Kuhlmann, Bernd: Züge durch Mauer und Stacheldraht, Berlin 1998

Prittie, Terence: Deutsche gegen Hitler, Tübingen 1964

Stern, Volkhard: Bahnpost im Einsatz, Freiburg 2013

Stern, Volkhard: Reichsbahn und Reichsautobahnen, Freiburg 2017

Wenzel, Hans-Jürgen: Die Baureihe 01, Solingen 1972

Wenzel, Hans-Jürgen: Die Baureihe 38^{10-40}, Freiburg 2016

Dankeschön

... sagen möchte ich für die wertvollen Fotografien und Unterlagen, die für dieses Buch freundlicherweise zur Verfügung gestellt haben: Korbinian Fleischer, Eisenbahnstiftung, Hermann Kuom, Wolf-Dietmar Loos, Günter Meyer, Ulrich Montfort, Jürgen Munzar, Stefan Ponzlet, Dr. Brian Rampp, Wolfgang R. Reimann, Ferdinand von Rüden, Volkhard Stern, u. a. auch für seinen Beitrag „Die Postwege bei der Berliner Blockade", Thomas Sommer/Archiv Dr. Paul Wolff & Tritschler, Wolfgang Schumacher, Burkhard Wollny und Meinolf Zylka. Erinnern möchte ich an dieser Stelle an Heinz Meyer und Günter Meyer sowie an meine Freunde Willy Pragher, Ulrich (Ulli) Person und Prof. Dr. Thomas Grumme. Besonders durch Ulrich Person von der Rbd Berlin war es mir möglich, in den Jahren des Fotografierverbotes immer wieder Fotografien von normalerweise unzugänglichen Bereichen aus aufnehmen zu können. Dankeschön auch für die Bildbearbeitung durch Jan Freckmann sowie die Korrekturen von Frau Ilona Eckert.

Der Autor 1977 im Bahnhof Berlin-Lichtenberg.

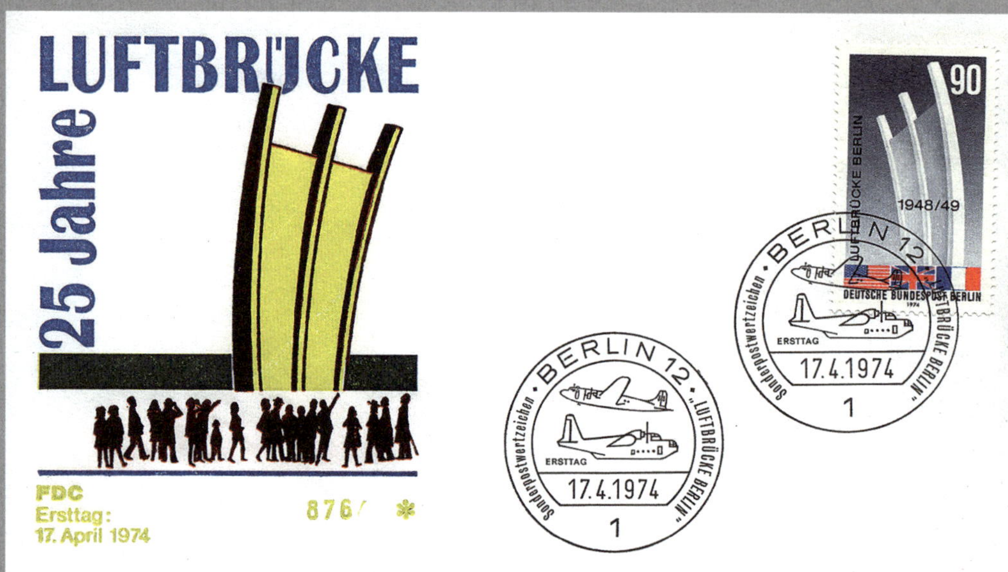

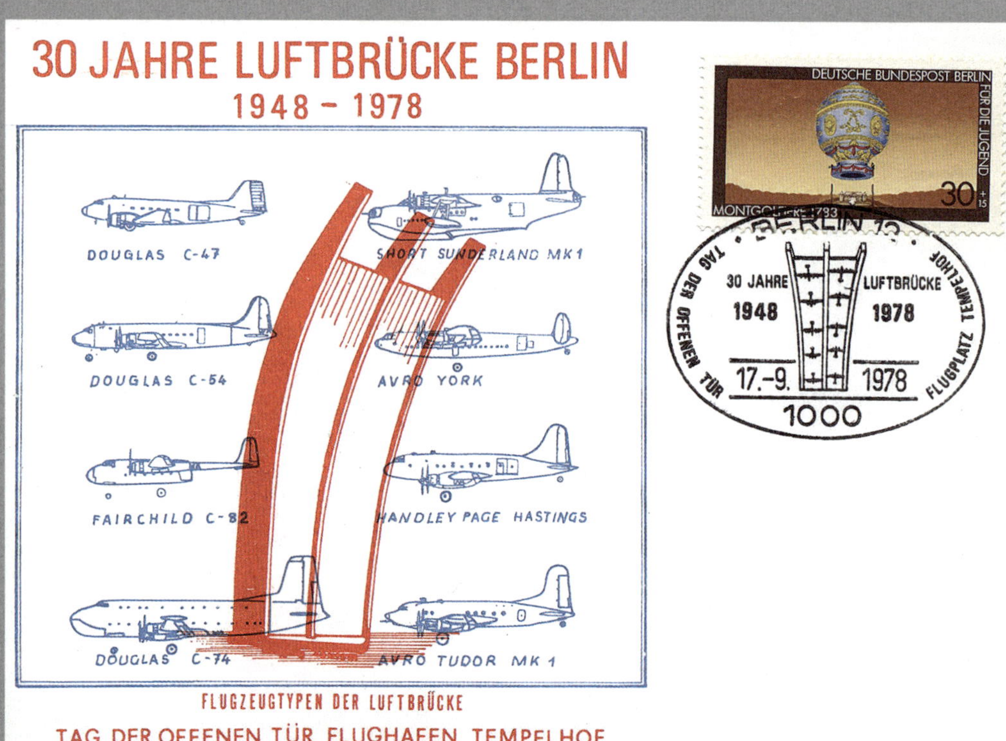

Slg. Ferdinand von Rüden (7)

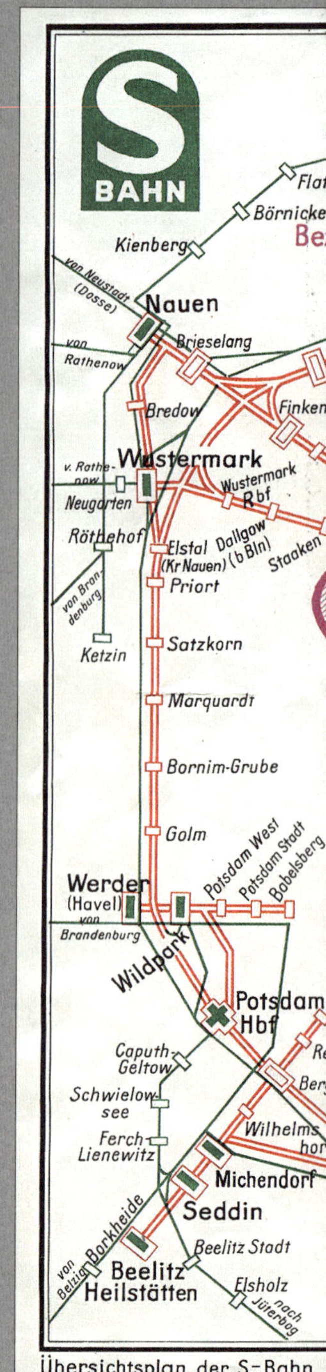

Mit Briefmarken und Ersttagsbriefen erinnerte die Deutsche Bundespost Berlin an die Luftbrücke sowie 1971 an die legendären Rennen auf der AVUS.